營業時間是
午夜十二點到早上七點左右。
人稱「深夜食堂」。

你問有沒有客人？
不僅有，還很不少呢。

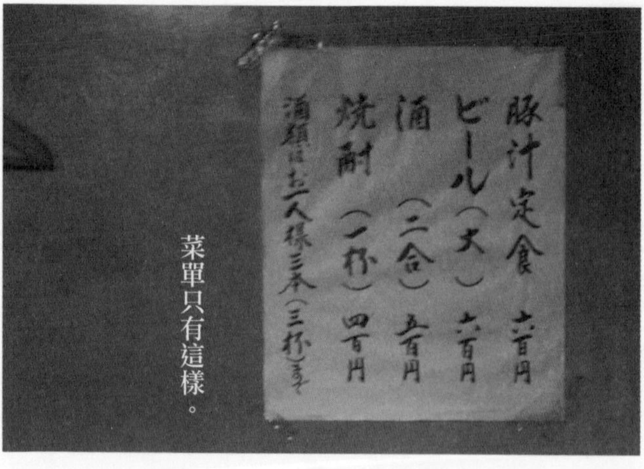

菜單只有這樣。

此外也可隨意點菜，
只要做得出來就做。
我的營業方針大概就這樣。

◎豬肉味噌湯

深夜食堂的豬肉味噌湯，
正如其名是招牌菜。
因為是搭配白飯的「定食」，
裡頭放了許多蔬菜當作配菜，
簡直就像一鍋燉菜，分量十足。
是一道味噌風味醇厚、溫暖身心的菜餚。

（料理出自第11集）

重點

在電視劇的拍攝現場，飾演老闆的小林薰先生針對食物的烹調方式，時不時就會提議：「男子漢大丈夫，豪邁地做吧！」豬肉味噌湯就是其中之一。關鍵是將蔬菜切成大塊，蒟蒻和豆腐則用手剝開。切成大塊的蔬菜即使在畫面上一閃而過，也能清楚看出有些什麼；豆腐跟蒟蒻的斷面不平整比較容易入味，無論重新加熱多少次都不會碎掉，就算經過長時間的拍攝，看起來仍舊美觀。至於味噌，老闆會分兩次加入。第一次先調味，起鍋前再加一次，保持味噌新鮮的風味。下了這樣的工夫，就算第二天加熱也仍舊好吃。

◎材料（4～5人份）

豬五花肉片…200克
白蘿蔔……1/4根
紅蘿蔔……1/2根
香菇……4朵
牛蒡……1/2條
小芋頭……3個
蒟蒻……1小塊
板豆腐……1/2塊
油豆腐皮……1塊
長蔥……1/2根
高湯……1500毫升
麻油……1大匙
味噌……5～6大匙
醬油……1小匙
味醂……1小匙

◎作法

❶豬五花肉切成約４公分長。白蘿蔔、紅蘿蔔切成扇狀，香菇切薄片。牛蒡削片，小芋頭切成一口大小。

❷蒟蒻用手剝成適合入口的大小，汆燙２～３分鐘後去鹼水。豆腐瀝乾水分，剝成適合入口的大小。

❸油豆腐皮對半切開，再切成１公分寬的長條。長蔥一半切成１公分寬的小段，其餘切成蔥花。

❹以麻油熱鍋後，炒豬五花肉。先加入白蘿蔔、紅蘿蔔、香菇、牛蒡等蔬菜與蒟蒻一起拌炒。

❺食材炒過後，加入高湯。一出現浮沫就立刻撈除，接著加入油豆腐皮和一半的味噌，蓋上鍋蓋煮10～15分鐘。

❻蔬菜煮軟後，加入芋頭、１公分長的蔥段和豆腐，繼續煮10分鐘。

❼加入醬油、味醂和剩餘的味噌，在煮沸前熄火。

❽盛入碗裡，撒上蔥花即可。

飯島奈美
深夜食堂
料理帖

有時晚上不想立刻回家。
有時晚上不想獨自一人。
這些時候，就想走進深夜食堂。
老闆做的不是什麼特別的料理。
但不可思議的是，
不只肚子填飽了，
就連寂寞和受傷的心靈
也獲得了藉慰。
這些料理可說是深夜食堂的主角
在電視劇和電影等系列作品裡，
都由料理設計師飯島奈美小姐
一手包辦。

她做的菜不只迷住了觀眾，
就連參與作品的演員和工作人員
都為之著迷。
飯島小姐從深夜食堂裡，
精選出老闆的拿手菜，
編寫成食譜。
這是一本可以填飽你的肚子，
同時也撫慰你心靈的好書。

目錄

【本書規則】
※食譜中使用的鹽都是粗鹽。
※高湯為柴魚昆布高湯。
※雞高湯是以雞骨和蔬菜熬成的高湯。若使用雞粉，請控制外加的鹽量。
※1大匙為15毫升，1小匙為5毫升。

第1夜◎紅香腸

菜單只有這樣：
豬肉味噌湯定食 六百圓
啤酒（大） 六百圓
日本酒（兩合）1 五百圓
燒酒（一杯） 四百圓
每位客人限點三杯酒
此外也可隨意點菜，
只要做得出來就做。
我的營業方針大概就這樣。
甜的玉子燒2一份。
看起來好好吃喔。

1.「合」為日本酒單位，一合為180毫升。
2. 日式煎蛋捲。

喀啦
老樣子。
阿龍是這附近
很吃得開的大哥。
喲，
好久不見。
但原本第一印象
可是壞到極點呢。

那是我剛開店還沒多久的事……
就這裡啊，只要點菜什麼都能做的店。
……
老爹，來份蝸牛。
我不會做。
什麼？做不出來啊，那燕窩湯呢?!

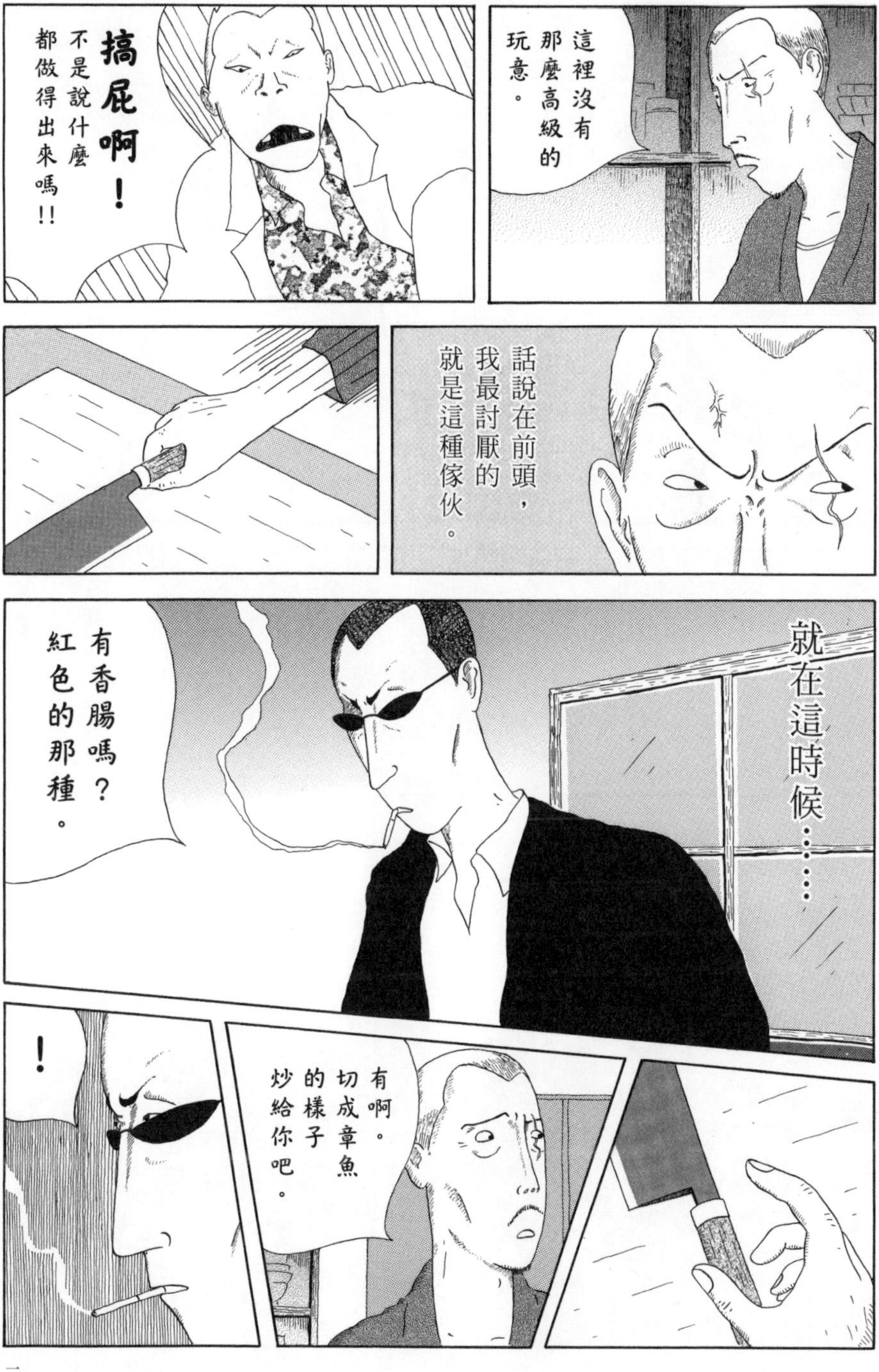
這裡沒有那麼高級的玩意。
搞屁啊！
不是說什麼都做得出來嗎!!
話說在前頭，我最討厭的就是這種傢伙。
就在這時候……
有香腸嗎？紅色的那種。
有啊。切成章魚的樣子炒給你吧。
！

噗吱
不用找了。
……從那以後就成為這裡的常客了。
大盤炒香腸！

啊，看起來好好吃……
說話的是，四十八年來在二丁目經營同志酒吧的小壽壽桑。
……要不要來一塊啊？
哎～可以嗎?!那就不客氣啦。
好懷念的味道啊。
那要再來一塊嗎？
真不好意思。
別客氣啦。
小哥，光吃你的不好意思，人家的玉子燒要不要來一點？

從此之後兩人在店裡碰到的話，就常常分著吃。
有時候阿龍點了香腸，等小壽壽桑來。
反之亦然。
小壽壽桑，給你炒香腸好嗎？
不用了。就是分阿龍的吃起來才好吃啊。

阿龍也這麼說呢。
是嗎？呵呵呵～
叭
叭
叭
叭
叭
嗶
叭
又來了，今天可真熱鬧。
阿龍會不會來呢。
暴力集團今城會所屬的鬼島組辦公室發生了槍擊案件……
該組幹部劍崎龍等三人死傷。

阿龍!!
幸好阿龍沒有生命危險。但是因為重傷，在醫院治療了很久。
綜合醫院
所以小壽壽桑拜託我替他做了便當。
要不要來一塊？
紅香腸跟玉子燒果然是便當裡的兩大明星啊。
不用啦～

（出自第1集）

◎紅香腸和甜玉子燒

在第一夜中登場的這兩道菜，
是阿龍和小壽壽桑喜歡的菜色。
鹹得恰到好處的紅香腸和鬆軟甘甜的玉子燒，
是小時候便當裡不可或缺兩大明星。
如今隨著歲月流逝成為下酒小菜，
那美味讓人不禁生出懷舊之情。
（料理出自第1集&第7集）

紅香腸

◎材料（1人份）

紅香腸……10條
沙拉油……適量
高麗菜絲……適量（可省略）
巴西利……適量（可省略）

◎作法

❶ 在紅香腸的單側切三刀，切出六隻腳。
❷ 以沙拉油熱平底鍋，放入紅香腸。一面晃動鍋子，將香腸兩面煎至焦香。
❸ 裝盤後，加上高麗菜絲和巴西利裝飾。

甜玉子燒

◎材料（1人份）

雞蛋……3個
高湯……3大匙
砂糖……4小匙
鹽……1／3小匙

◎作法

❶ 將雞蛋打入大碗中，加入高湯、砂糖和鹽。
❷ 玉子燒專用平底鍋熱油後，倒入一半的①，粗略地攪拌，等蛋汁半熟再由外向內折成三折。
❸ 蛋卷移至平底鍋上緣，將剩餘的①倒在蛋卷前方，讓蛋汁往鍋柄的方向流動，再次由外向內翻捲三次。①若還有剩也依法炮製。

重點

切紅香腸時刀刃要垂直向下。如果像削片那樣橫切，另一側的切口過長，章魚的身體就會變短，這點必須注意。煎的時候為了讓所有章魚均勻受熱，細心地逐一翻面是關鍵。

做玉子燒的時候，要是等到蛋汁凝固，反而容易燒焦，不要想把蛋汁攤薄，也不用在意有沒有氣泡，得一口氣捲起來就是了。但是最後那一翻捲一定要專注才能捲得漂亮。

◎雞蛋三明治

這是老闆用客人自備的土司做的早餐。
正因為三明治的味道單純，
雞蛋的調味需要下點功夫。
黃與白漂亮的對比配色，
給大人吃的雞蛋三明治，上桌！

（料理出自第２集）

重點

我在這份食譜重現了跟安倍老師在新宿黃金街吃到的味道。洋蔥發揮了香料的作用，替平凡的雞蛋三明治增添新口感。為了不讓三明治變太軟，可少放美奶滋，再以鹽和胡椒調味。

◎材料（3～4人份）
土司……………半條（8片）
雞蛋……………5顆
洋蔥末…………1～2大匙
美奶滋…………3～4大匙
鹽………………少許
胡椒……………少許
奶油……………少許（退冰至常溫）

◎作法

❶ 雞蛋放入滾水中煮11分鐘，過冷水後，剝殼切碎。
❷ 洋蔥末泡水去除苦味。
❸ 將①、美奶滋、鹽、胡椒和瀝乾水分的洋蔥末放進碗中，攪拌均勻。
❹ 土司塗上奶油。將③分成4等分夾入。
❺ 以保鮮膜包裹，放置15分鐘使其入味，再切成喜歡的大小。

◎泡菜豆腐鍋

老闆從新大久保的大嬸那裡
學來的韓式火鍋，
跟豆腐鍋或泡菜鍋不太一樣，
是獨創的味道。
香辣而燙口，
讓人不由得直呼過癮！
配飯或烏龍麵都很合適，
是喜歡小火鍋的人
絕不能錯過的一道料理。

（料理出自第11集）

重點

覺得不夠辣的人，可以在炒泡菜和豬肉時加入韓式辣椒。相反地，怕辣的人可以加馬鈴薯或起司，中和辣味。雖然很難買到，但還是建議加入韓國的「湯用醬油」(국간장)，那是一種類似魚露、帶有甜味的醬油。

◎材料（2人份）

泡菜……100克
豬五花肉片……40克
蛤蜊……100克
洋蔥……1/2顆
長蔥……1根
朧豆腐……1塊
水……400毫升
大蒜……1瓣
魚露……2~3小匙
麻油……1小匙
雞蛋……1個
沙拉油……1/2大匙

※如果沒有魚露，可以小魚乾高湯代替水，以1大匙薄口醬油代替魚露。

◎作法

❶蛤蜊吐砂後瀝乾水分。
❷豬五花肉切成適合入口的大小。洋蔥切成8公厘的條狀。大蒜切成末，長蔥斜切段。
❸以沙拉油熱鍋，炒泡菜和豬五花肉，再加入大蒜和洋蔥一起拌炒。
❹洋蔥炒至透明狀後加水。水滾後，加入蛤蜊、朧豆腐、長蔥和魚露。
❺蛤蜊開口後把蛋打進去，最後滴上麻油。

◎薑燒豬肉

切成薄片、厚片，或是豬排……
這道小飯館的必備菜色在深夜食堂裡，
會隨客人的喜好改變豬肉的作法。
但是說到配飯的薑燒豬肉，
果然還是做成跟洋蔥最搭的薄片吧！

（料理出自第6集）

重點
豬肉先以醬汁醃過，不僅入味，更能增加彈性。炒的時候用中大火快炒。不用慌張，等豬肉表面確實焦香上色後再翻面。

◎材料（2人份）

梅花豬肉片…250克
洋蔥………1/4顆

（A）
醬油………1又1/2大匙
味醂………1大匙
酒…………1大匙
薑汁………1大匙

薑泥………1/2大匙
沙拉油……1/2大匙

◎作法

❶洋蔥切成8公厘的條狀。混合醃料（A）。
❷切成薄片的梅花豬肉和切好的洋蔥一起用（A）醃，容器包上保鮮膜，放進冰箱冷藏30分鐘～1小時。
❸以沙拉油熱平底鍋，中火拌炒濾掉醬汁的梅花豬肉和洋蔥。
❹豬肉炒熟後，加入剩下的醃料和薑泥一起炒即可。

◎鰈魚煮・魚汁凍

魚汁凍
是老闆給喜歡
這一味的客人
免費提供的
隱藏版料理。
鹹中帶甜
的鰈魚煮
也非常好吃，
但在熱熱的白飯上
融化的魚汁凍
更是下飯。

（料理出自第７集）

◎材料（4人份）

鰈魚……4塊

（A）

水……200毫升

昆布……1片（約5×5公分）

酒……100毫升

醬油……3大匙

砂糖……1/2大匙

生薑……1塊

珠蔥……3根

◎作法

❶鰈魚去鱗，在魚皮劃刀。蓋上廚房紙巾後，澆熱水。

❷生薑先切下3片，剩餘切成薑絲。珠蔥切成4公分的小段。

❸（A）醬汁入鍋加熱，放入鰈魚和薑片。

❹煮沸後轉中火，蓋上落蓋煮8～10分鐘，再加入珠蔥稍微煮一下。

❺裝盤，放上薑絲。

❻剩餘的醬汁放入冰箱冷藏，就成了魚汁凍。

重點

澆熱水可以去除魚腥味。魚汁凍放在熱呼呼的白飯上會立刻融化，若想讓魚汁凍稍微凝固一些，可以加入明膠。除了做魚汁凍外，豆渣或蘿蔔乾加魚汁一起煮，也非常好吃。

◎番茄炒蛋

無獨有偶地擁有同樣才能的父子重逢了。
將他們連結在一起的這道充滿回憶的料理，
關鍵就在炒得鬆鬆軟軟的雞蛋。
香噴噴的炒蛋和淡淡麻油香，讓人食慾大開。（料理出自第12集）

重點

番茄先炒過，去除水分，味道會更加濃郁。炒蛋鬆軟的秘訣，在於平底鍋要夠熱，加入多到足以晃動的油，再倒入蛋汁。以大火快炒也是關鍵。

◎材料（2人份）

雞蛋……3顆
番茄……1顆
雞高湯……3大匙
鹽……1/3小匙
沙拉油……適量
麻油……適量

※雞高湯可用3大匙的水加1/2小匙的雞粉代替。

◎作法

❶在碗裡打蛋，加入雞高湯和鹽混合均勻。番茄隨意切成塊狀。
❷平底鍋加熱後，倒入沙拉油。另在番茄上撒1撮鹽後下鍋快速拌炒並裝盤。
❸熱鍋後加1/2大匙沙拉油，倒入①翻炒。
❹蛋汁半熟時放入番茄，滴少許麻油後拌炒在一起即可。

◎布丁

這是來店裡的四個客人中，
麻將打贏了的人才能吃到的夢幻甜點。
雞蛋和牛奶單純的滋味讓人憶起從前。
其實這也是老闆喜好的甜點。
（料理出自第2集）

◎材料（4～5個份）
※布丁模型約為150毫升

雞蛋……3顆
砂糖……6大匙
牛奶……390毫升
香草精……3滴
奶油……少許

焦糖
砂糖……3大匙
水……2大匙

※依個人喜好以草莓或薄荷葉裝飾。

◎作法

❶ 布丁模型抹上一層薄薄的奶油。
❷ 砂糖加1大匙水，放入鍋中加熱，不時攪拌。煮至深咖啡色後再加1大匙水，倒進布丁模型中，均勻攤平後，放入冰箱冷藏凝固。
❸ 在大碗中打蛋，加入砂糖。
❹ 將溫熱的牛奶加入③，均勻攪拌。滴入香草精後過篩。
❺ 倒進②的布丁模型中，以錫箔紙覆蓋。
❻ 在鍋裡墊一張廚房紙巾，放入布丁模型。注入熱水，確實超過布丁模型裡蛋汁的高度。
❼ 蓋上鍋蓋，以小火蒸8分鐘後熄火。不打開鍋蓋，繼續悶5分鐘。
❽ 打開鍋蓋，放置20分鐘。稍微冷卻後，放進冰箱冷藏。
❾ 把布丁從模型中倒出來，依個人喜好加草莓或薄荷葉裝飾。

◎酒蒸蛤蜊

護著兒子的酒鬼母親，
總是用酒蒸蛤蜊當酒喝。
剩下的美味湯汁澆在白飯上，
就是收尾的佳餚。
（料理出自第３集）

◎材料（2人份）

蛤蜊……300克
酒……50～100毫升
大蒜……1瓣
紅辣椒……2根
青蔥……適量
醬油……適量

◎作法

❶ 蛤蜊吐完砂，以篩子篩去水分。大蒜對半切、去芽，用刀壓碎。
❷ 紅辣椒去籽，青蔥切成蔥花。
❸ 將蛤蜊、酒、大蒜和紅辣椒一起下鍋，蓋上鍋蓋，加熱至蛤蜊開口。
❹ 最後淋上醬油，撒上蔥花即可。

重點

這道菜的調味，為了讓剩餘的湯汁能澆在飯上吃，所以口味較重。吃完蛤蜊之後，加入一點奶油澆在飯上，或是把白飯放進去煮，加橄欖油做成燉飯也非常值得一試。

第2夜◎粉絲沙拉

雨從太陽下山就開始下了。撐傘也不是，不撐傘也不是的綿綿春雨。這種天氣客人也少。
六百圓
六百圓
五百圓
サン
くれない
BAR
城
SNAC
說著說著美穗她們就來了。

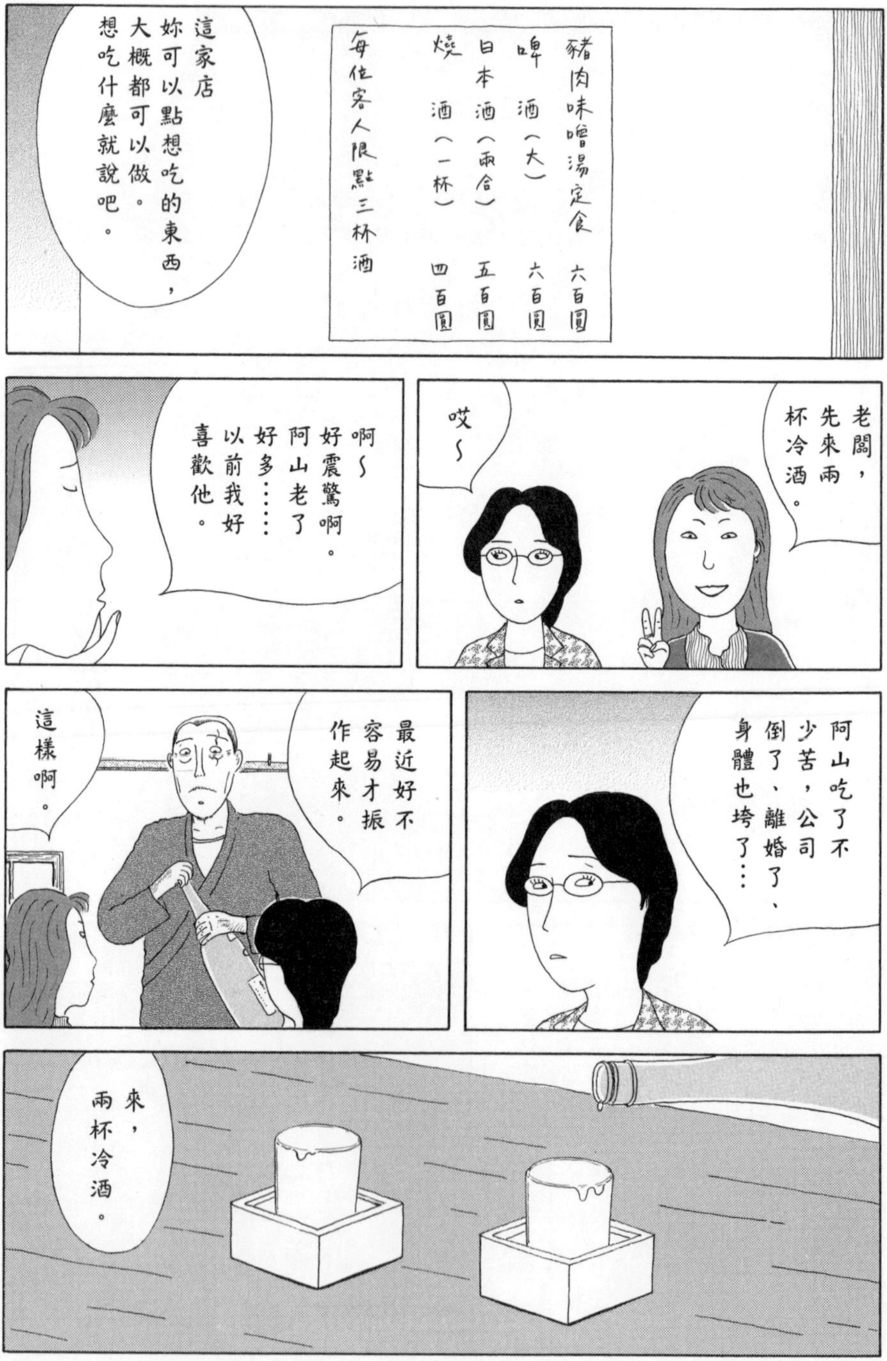
豬肉味噌湯定食 六百圓
啤 酒（大） 六百圓
日本酒（兩合） 五百圓
燒 酒（一杯） 四百圓
每位客人限點三杯酒
這家店妳可以點想吃的東西，大概都可以做。想吃什麼就說吧。
老闆，先來兩杯冷酒。
哎～
啊～好震驚啊。阿山老了好多……以前我好喜歡他。
阿山吃了不少苦，公司倒了、離婚了、身體也垮了……
最近好不容易才振作起來。
這樣啊。
來，兩杯冷酒。

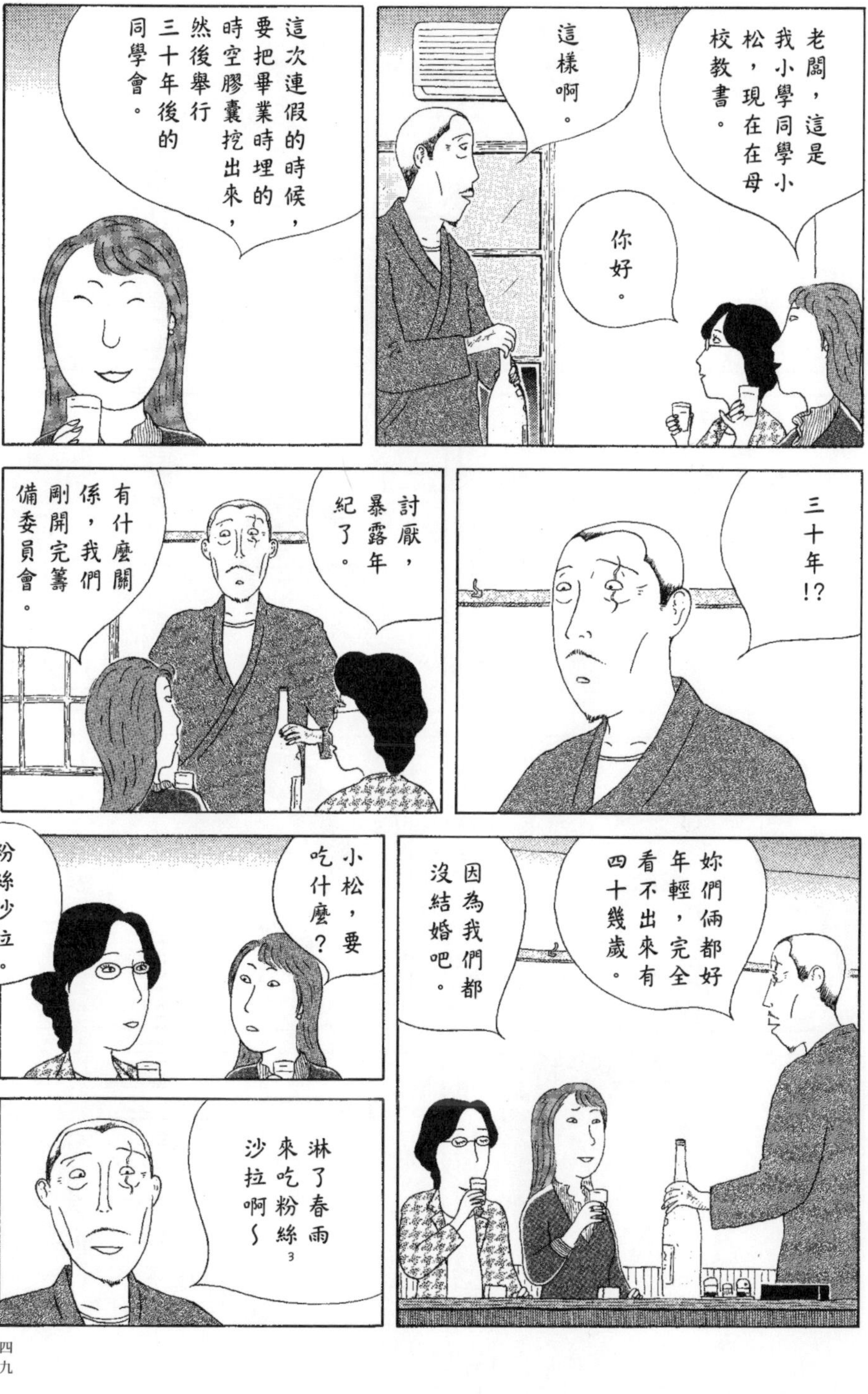
老闆，這是我小學同學小松，現在在母校教書。
這樣啊。
你好。
這次連假的時候，要把畢業時埋的時空膠囊挖出來，然後舉行三十年後的同學會。
三十年!?
討厭，暴露年紀了。
有什麼關係，我們剛開完籌備委員會。
妳們倆都好年輕，完全看不出來有四十幾歲。
因為我們都沒結婚吧。
小松，要吃什麼？
粉絲沙拉。
淋了春雨來吃粉絲[3]沙拉啊～

3.粉絲在日文中稱為「春雨」。

啊，我想起來了！
？
說到粉絲沙拉阿志最愛吃了。學校營養午餐的時候他連別人那一份也要吃不是嗎？
美穗都記得這種奇怪的事。
因為除了阿山以外我最喜歡他啊。
小松喜歡誰？
咦……

……阿志。
哎？原來如此!!阿志很溫柔的。
……其實我討厭粉絲沙拉。
但是因為阿志喜歡，所以我也想學著喜歡，每天都吃的話，或許就會喜歡了……
……
阿志要是能來就好了。
……嗯。

挖出時空膠囊的那天，也下著靜靜的細雨。
幾天後——
這就是傳說中的阿志！大份粉絲沙拉。
你好，我是志賀。
久仰了。今天那位小姐呢？
小松前幾天因為盲腸炎住院了。
咦？真可憐……

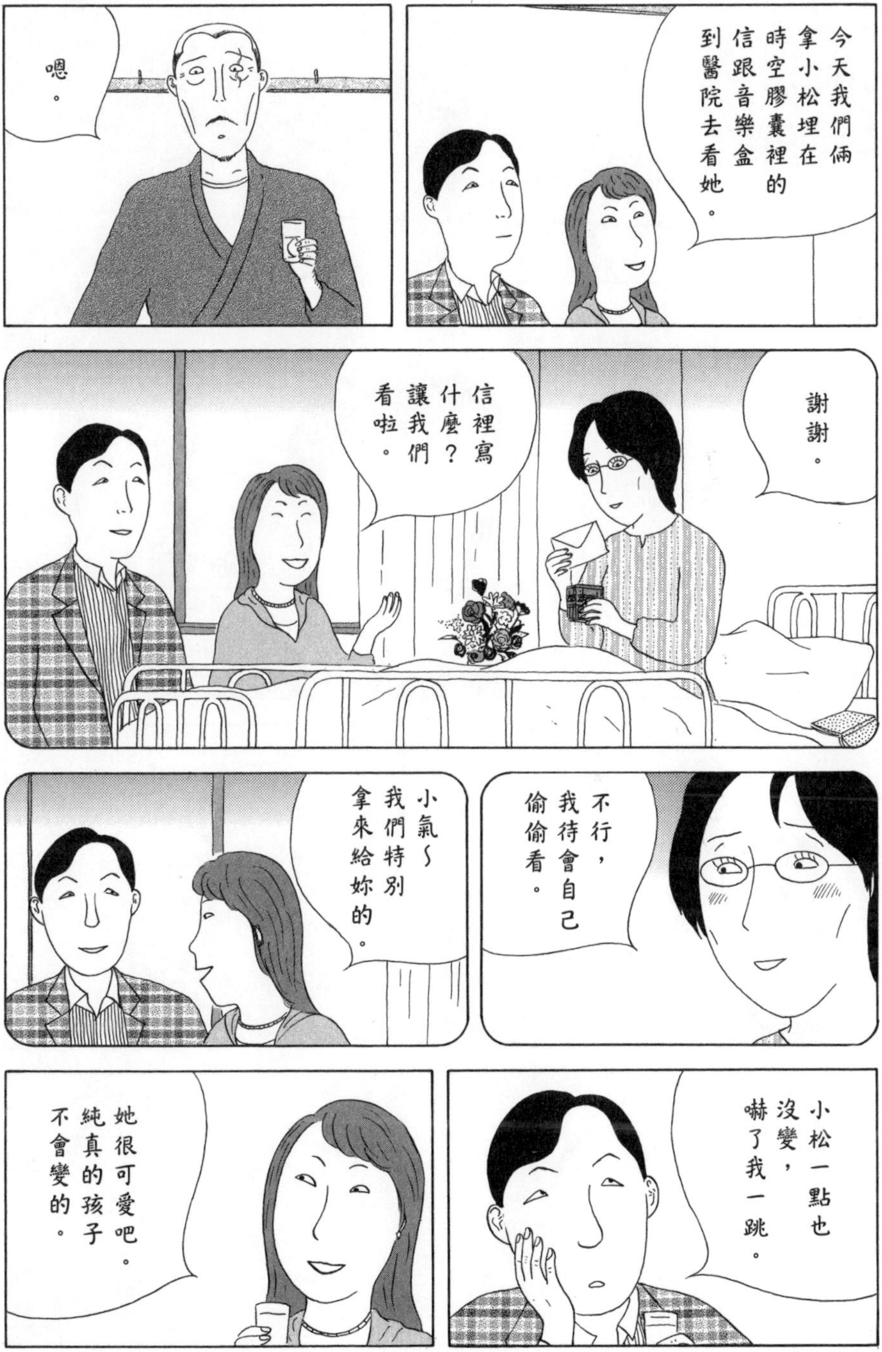
今天我們倆拿小松埋在時空膠囊裡的信跟音樂盒到醫院去看她。
嗯。
謝謝。
信裡寫什麼？讓我們看啦。
不行，我待會自己偷偷看。
小氣～我們特別拿來給妳的。
小松一點也沒變，嚇了我一跳。
她很可愛吧。純真的孩子不會變的。

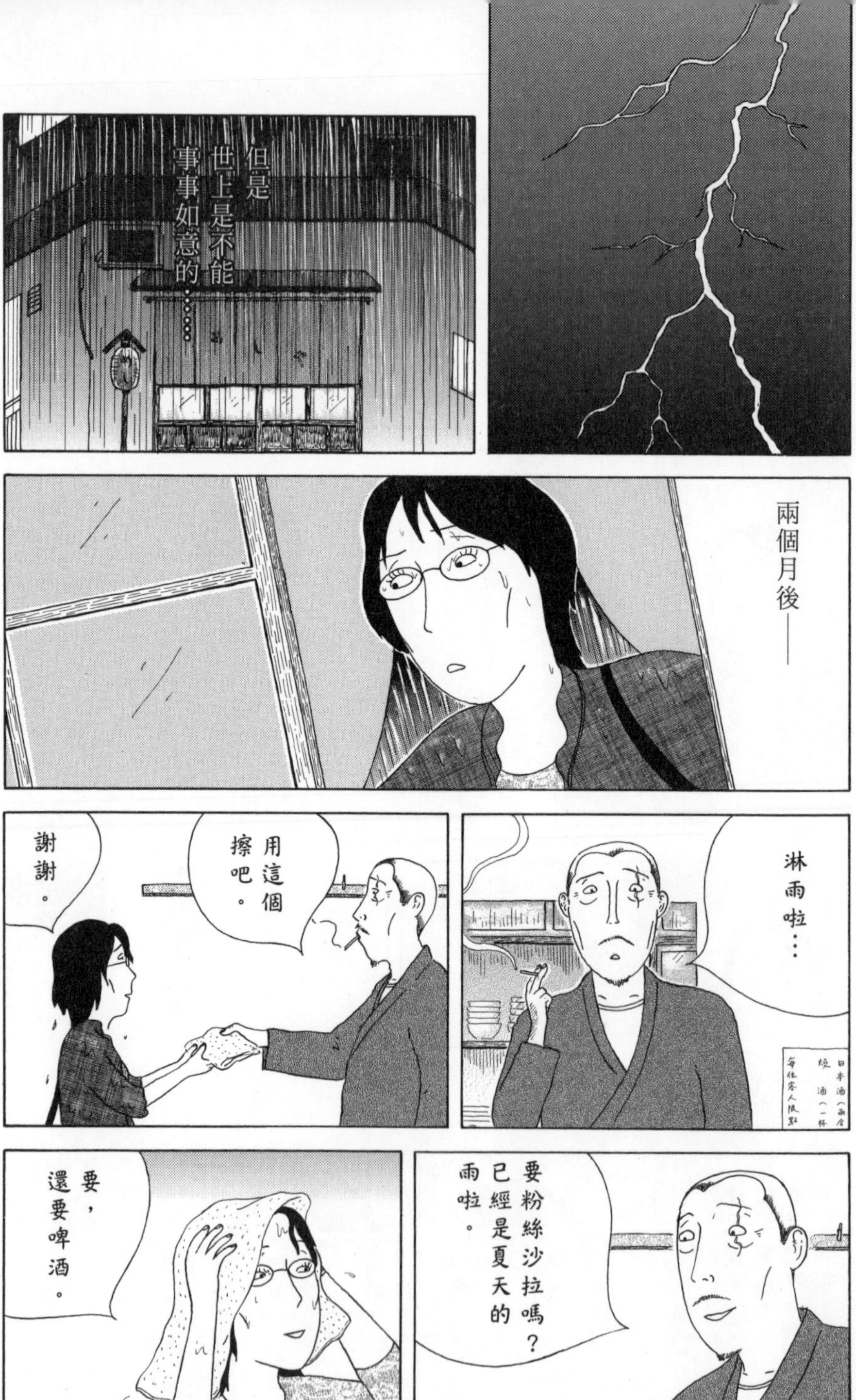
但是
世上是不能
事事如意的……
兩個月後——
淋雨啦…
用這個
擦吧。
謝謝。
要粉絲沙拉嗎？
已經是夏天的
雨啦。
要，
還要啤酒。

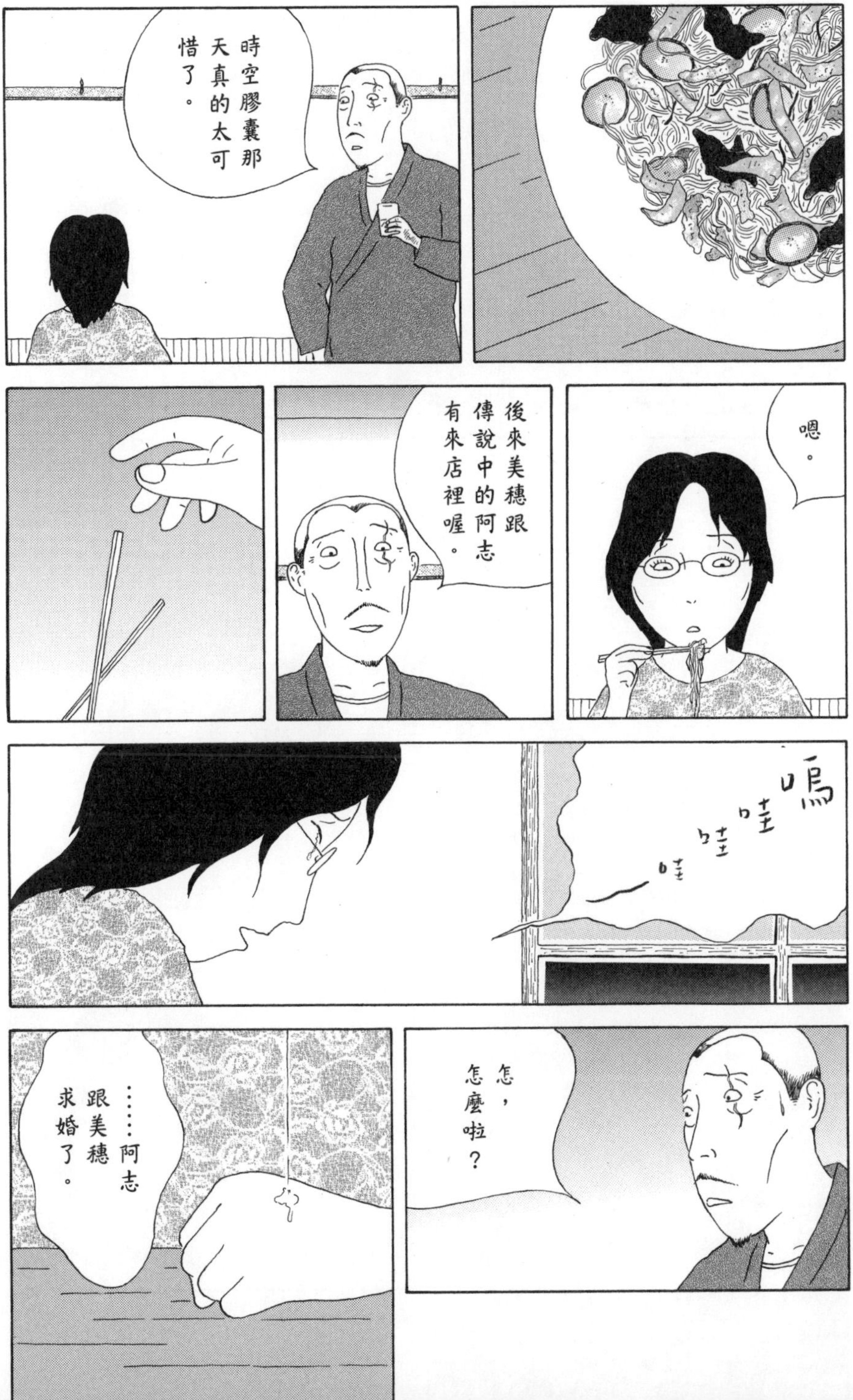

時空膠囊那天真的太可惜了。
嗯。
後來美穗跟傳說中的阿志有來店裡喔。
嗚哇哇哇——
怎，怎麼啦？
……阿志跟美穗求婚了。

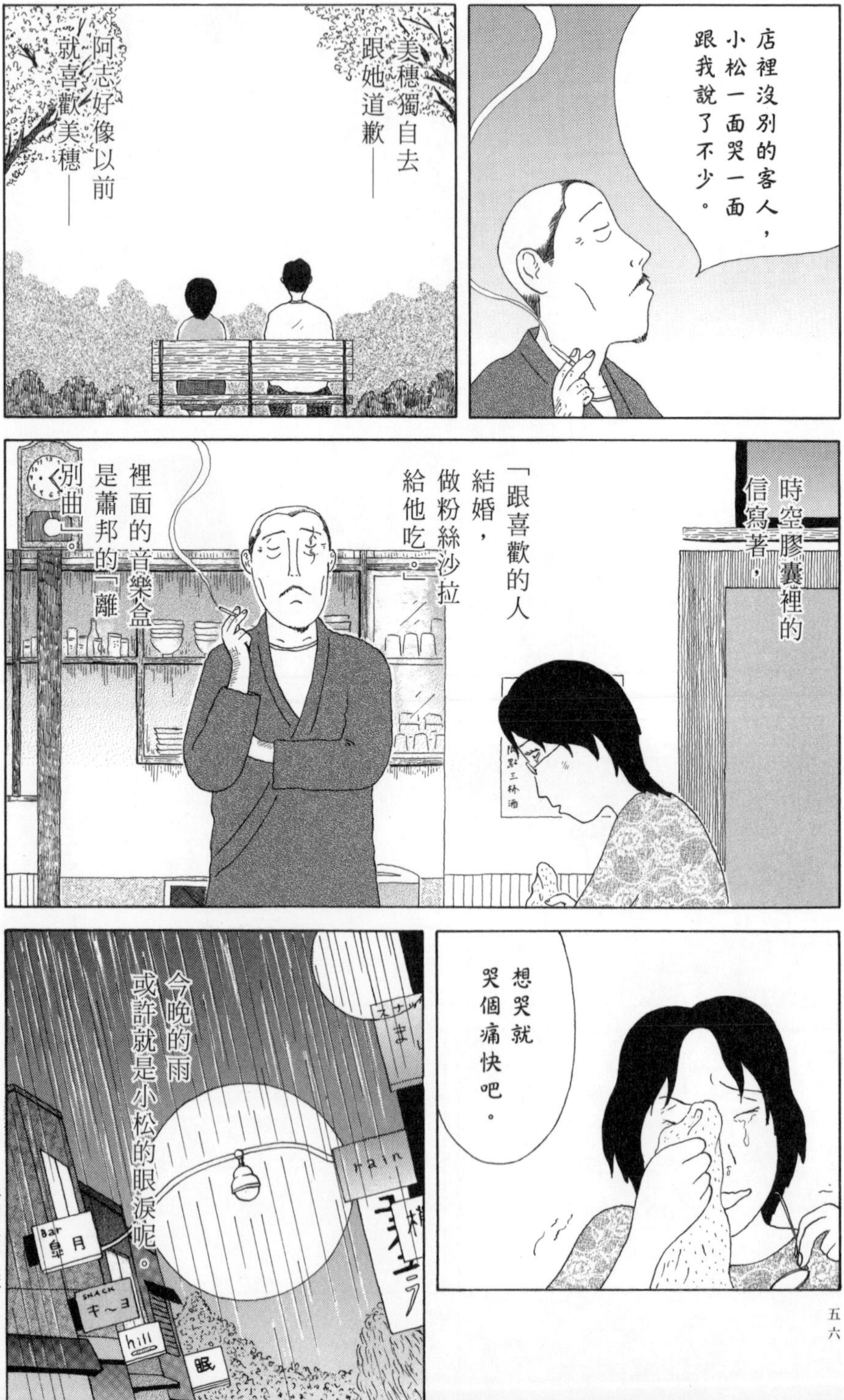
店裡沒別的客人，
小松一面哭一面
跟我說了不少。
美穗獨自去
跟她道歉——
阿志好像以前
就喜歡美穗——
時空膠囊裡的
信寫著，
「跟喜歡的人
結婚，
做粉絲沙拉
給他吃。」
裡面的音樂盒
是蕭邦的「離
別曲」。
想哭就
哭個痛快吧。
今晚的雨
或許就是小松的眼淚呢。
Bar
皐月
SNACK
キ～ヨ
hill
眠
rain

（出自第3集）

◎粉絲沙拉

之所以喜歡上粉絲沙拉，
是因為最喜歡的那個人……
香噴噴的蔥油是亮點，
宛如中華料理前菜的粉絲沙拉
是令人眼睛一亮的逸品。

（料理出自第3集）

◎材料（4人份）

乾粉絲……100克
小黃瓜……1條
火腿……4片
乾木耳……5克
麻油……適量

蛋皮絲

雞蛋……1顆
鹽……1撮
沙拉油……少許

醬汁

長蔥……10公分
麻油……1又1/2大匙
薄口醬油……1又1/2大匙
醋……1又1/2大匙
砂糖……1小匙
鹽……1/3小匙
白芝麻……1/2大匙

※薄口醬油為鹹度較高的淡色醬油，用於不需要醬色卻需要醬油味道的菜色。

◎作法

❶ 小黃瓜切成2～3公厘的薄片，以鹽抓一下（分量外）。火腿對半切，再切成5公厘的條狀。乾木耳以水泡發後，切掉堅硬的部分，燙過後切成5公厘的條狀。

❷ 製作蛋皮絲。打蛋，加鹽打散。平底鍋塗上一層薄薄的沙拉油，倒入蛋汁攤平，等表面凝固乾燥後翻面取出。冷卻之後，切成適合入口的5公厘條狀。

❸ 製作醬汁。長蔥切碎，放進耐熱容器中。麻油倒入平底鍋中加熱，接著倒進裝蔥的容器中浸泡。加入薄口醬油、醋、砂糖、鹽和白芝麻拌勻。

❹ 粉絲在沸水中煮2分半鐘，沖冷水後瀝乾。

❺ 粉絲切成容易入口的長度，放進③的容器裡，加入小黃瓜、火腿、木耳和蛋皮絲拌勻。

❻ 淋上一點麻油。可依個人喜好加入黃芥末。

重點

使用蔥油是老闆的堅持。可以使這道料理香氣四溢，充滿中華料理的風味。煮粉絲的時間約２分半鐘，可以保留口感。為了避免口感濕爛，將水分徹底瀝乾也是關鍵。

◎拿波里義大利麵

順口的酸味讓人上癮，
是過去懷舊咖啡館的必備餐點。
這讓拿波里人也著迷的味道，
是番茄醬和番茄汁的聯手好戲。

（料理出自第1集）

重點

番茄汁調和了番茄醬的甜味，是大人口味的拿波里義大利麵。不喜歡酸味的人可以多炒2分鐘，降低酸味。日劇的演員們也覺得，使用水分多的番茄汁「不會乾乾的」，頗受好評。

◎材料（2人份）

義大利麵

義大利直麵（1.9公厘）……160～200克
熱水……200毫升
鹽……4小匙

番茄汁……60毫升
番茄醬……80～90克
青椒……1個
洋蔥……1/4顆
水煮蘑菇……1小罐
香腸……3～4條
沙拉油……1/2大匙
奶油……1大匙
鹽……少許
胡椒……少許
墨西哥辣醬…依個人口味
起司粉……依個人口味

◎作法

❶先混和番茄醬和番茄汁。
❷青椒切薄片，洋蔥切成約5公厘條狀，香腸斜切成2～3等分，水煮蘑菇瀝乾水分。
❸水煮沸後加鹽，煮義大利麵。煮好後瀝乾水分，另加少許沙拉油（分量外）。
❹沙拉油和奶油在平底鍋中加熱，炒香腸、洋蔥和蘑菇。等材料熟透後，加入義大利麵和青椒，繼續炒1～2分鐘，接著加入①拌炒。最後以鹽和胡椒調味。
❺裝盤後，依個人口味加墨西哥辣醬和起士粉調味。

◎山藥泥蓋飯

「姊姊穩住研缽，
我磨山藥，媽媽加高湯……」
家人一起做的山藥泥，
就是難以忘懷的家鄉味。
滿滿地澆在熱騰騰的麥飯上，
唏哩呼嚕地吃下肚。
（料理出自第12集）

麥飯

◎材料（4人份）

米……………2杯

大麥…………45克

水……………410毫升

山藥泥

◎材料（4人份）

山藥…………300克（磨好的）

高湯…………200～230毫升

蛋黃…………1個

薄口醬油……1大匙

鹽……………1/2小匙

青海苔………適量

◎作法

❶ 煮麥飯。洗米，加入大麥浸泡15分鐘。放進簸箕，壓20分鐘去除水分。

❷ 將①放進陶鍋後加水，蓋上鍋蓋以中火加熱。水滾後轉為小火，煮10～12分鐘，關火再悶10分鐘。

❸ 山藥去皮，用研缽磨成泥狀。一面少量地加入高湯，一面研磨。加入蛋黃、薄口醬油和鹽，再視情況以鹽調味。

❹ 盛好麥飯，澆上③，再撒上青海苔。

重點

只用醬油調味的話，顏色會變深，山藥本來的風味也會減弱，所以減少醬油的用量，改加鹽來調味。加蛋可以增加濃郁感，但因為無法久放，如果有剩不妨加點高麗菜做成大阪燒。山藥要是想連皮一起吃，只要稍微火烤，就能去掉外皮的根鬚了。

◎青椒鑲肉

這是父親想念討厭青椒的兒子，
而要老闆教他做的一道菜。
咬下去的瞬間，肉汁充滿口中。
青椒的熟度可隨個人的喜好調整。

（料理出自第9集）

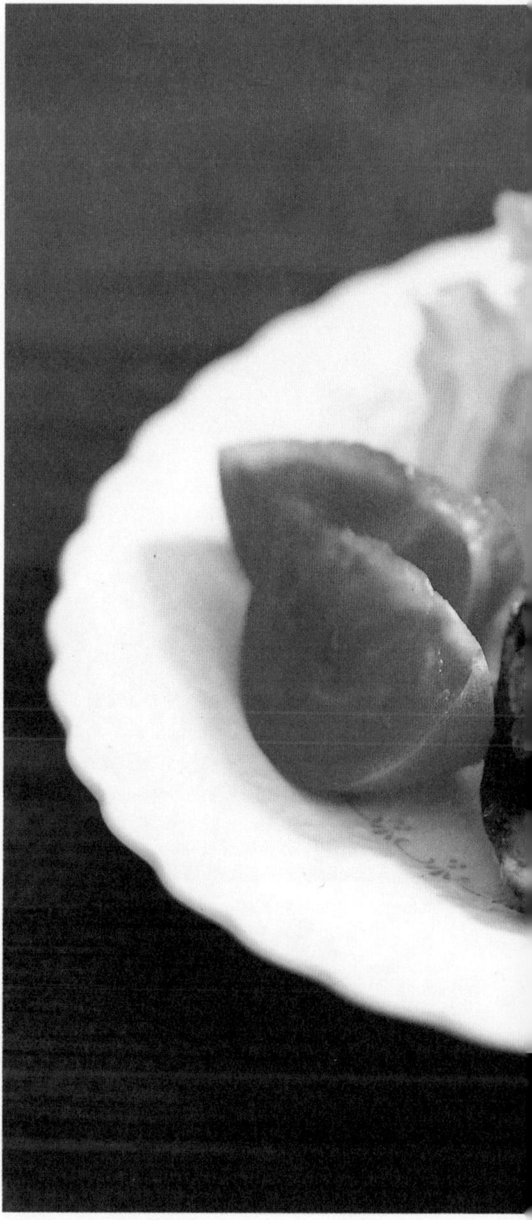

重點

加入碎肉能增加肉的口感。
青椒從鑲了肉的那一面加熱，
等肉大約7分熟時翻面，就
能保留青椒的味道跟口感。
醬汁煮濃一點，就是下飯的
濃郁美味。

◎材料

青椒……6顆
低筋麵粉……適量
沙拉油……1/2大匙

肉餡

絞肉……250克
碎豬肉……250克
洋蔥……1/4顆
生麵包粉……20克
牛奶……2大匙
雞蛋……1顆
鹽……1小匙
胡椒……少許

醬汁

酒……2大匙
味醂……1/2大匙
醬油……1大匙
番茄醬……1大匙
生菜……依個人喜好
番茄……依個人喜好

◎作法

❶生麵包粉浸泡牛奶。洋蔥切碎，碎豬肉再切成約1公分寬。

❷絞肉、碎豬肉、鹽和胡椒放進大碗中揉捏。接著加入洋蔥、生麵包粉和雞蛋，繼續揉捏。

❸青椒對半切開、去籽，擦乾水分。以濾網過篩撒上低筋麵粉。多餘的麵粉加進②中，再等分塞進青椒裡。

❹平底鍋加熱後，倒進沙拉油，將鑲著肉的那面朝下，以小火煎5～6分鐘。

❺翻面以中火煎約2分鐘。溢出的油用廚房紙巾吸掉。

❻取出青椒鑲肉。平底鍋內的肉汁加入酒、醬油、番茄醬和味醂煮沸，澆在青椒鑲肉上。

❼依個人喜好搭配切碎的生菜跟番茄食用。

◎烏賊煮芋頭

滲入清淡烏賊香的美味高湯，
和芋頭樸實的味道非常合拍。
雖然不知道為什麼，
就是無法分開。
彷彿男女關係般的
奧妙滋味。

（料理出自第11集）

◎材料

烏賊……2條
小芋頭……7～10個（剝皮後約550克）
高湯……600毫升
酒……100毫升
砂糖……2～2又1/2大匙
醬油……3大匙

◎作法

❶小芋頭煮15分鐘，煮軟至可以輕易剝皮的程度，以毛巾包著剝皮。喜歡大塊的話就對半切。

❷抓住烏賊的觸角，拉出內臟和軟骨，清洗身體內部。將烏賊切成2・5公分寬的環狀，觸角也切成稍微大塊的一口大小。

❸取200毫升的高湯，加酒、砂糖和醬油煮沸後，放入烏賊，稍微煮一下後取出。

❹同一鍋再加400毫升高湯，放入小芋頭煮約15分鐘。煮的時候不時將醬汁澆在芋頭上，等到熟透入味後，再加入烏賊。

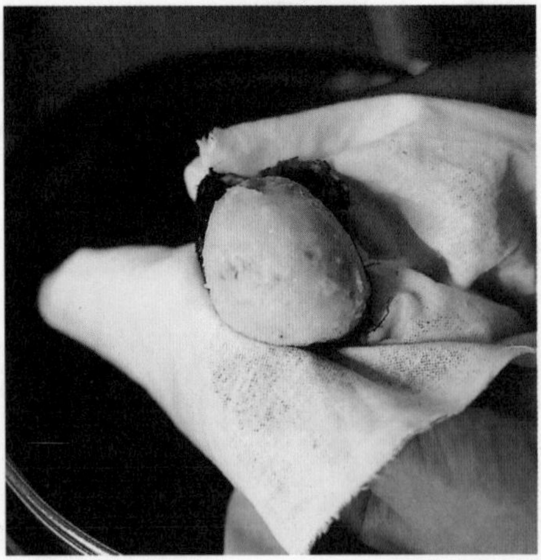

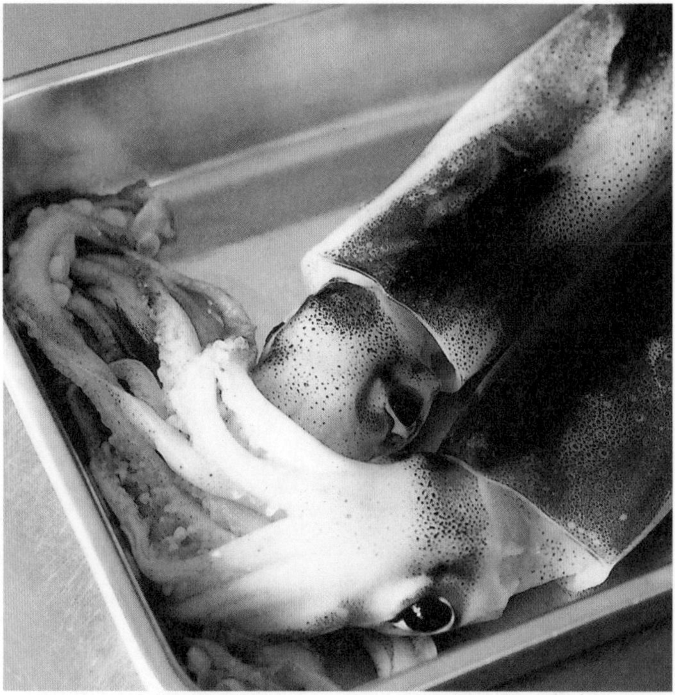

重點

小林先生說：「烏賊要肉厚、有彈性才好吃！」依照他的建議，將烏賊切成厚塊。為了防止烏賊煮久變老，先取出來是關鍵。芋頭用高湯和醬汁等有味道的汁液煮，就不容易煮糊。

◎中華涼麵

寒冷的冬天卻忍不住想吃中華涼麵。
麵上的各種澆料最令人期待了。
深夜食堂的涼麵就是「把有的材料都加上去」，
老闆好像這麼說過……

（料理出自第6集）

重點
冰透了的中式麵條是關鍵。安倍老師畫的中華涼麵看起來炫麗豪華（笑），但材料只有傳統的火腿、小黃瓜和蛋皮絲也無妨。用水煮蛋取代蛋皮絲也很好吃，雞蛋能中和醬汁的酸味。

◎材料（2人份）

中式麵條（生麵）2份
火腿……6片
小黃瓜……1條
蟹肉棒……4條
蝦仁……50克
番茄……1/2顆
黃芥末……依個人喜好

蛋皮絲

雞蛋……2顆
鹽……1/4小匙
沙拉油……少許

（A）

雞高湯……150毫升
醋……4大匙
醬油……3大匙
砂糖……1大匙
鹽……1/4小匙
麻油……1小匙

※雞高湯可用150毫升的水加1小匙的雞粉代替。

◎作法

❶火腿和小黃瓜切細絲，番茄切片。蟹肉棒撕碎，蝦仁燙過後瀝乾水分。將（A）混合後冷藏備用。

❷製作蛋皮絲。打蛋，加鹽打散。平底鍋塗上一層薄薄的沙拉油，倒入蛋汁攤平，做成約3張蛋皮。放涼後切成細絲。

❸中式麵條放入大鍋中水煮，煮熟後過冰水，瀝乾水分並徹底放涼。

❹麵條裝盤，鋪上澆料，再淋上（A）即可。可依個人喜好加黃芥末。

◎韭菜豬肝

職業和服飾喜好
都相似的兩人，
喜歡「豬肝韭菜」
和「韭菜豬肝」。
鮮潤美味的豬肝
非常下飯，
是道讓人精力充沛
的料理。

（料理出自第 7 集）

◎材料（2人份）

豬肝……………100克
豆芽菜…………100克
韭菜……………1/3把
大蒜……………1瓣
沙拉油…………3大匙

（A）豬肝的調味
醬油……………1/2小匙
酒………………1/2小匙
鹽………………1撮
生薑榨汁………1/2小匙
太白粉…………1大匙
沙拉油…………1/2小匙

（B）醬汁
醬油……………1/2大匙
酒………………1/2大匙
蠔油……………1小匙
砂糖……………1/2小匙
胡椒……………少許

◎作法

❶豬肝切成8公厘薄片，浸水去腥味，拭乾水分後與（A）混合。
❷豆芽菜沖洗後瀝乾水分，韭菜切成4公分長，大蒜切片、去芽。調和（B）備用。
❸豬肝去除水分，裹上太白粉，加1/2小匙沙拉油。
❹平底鍋加入3大匙沙拉油，熱鍋後放入大蒜，等散發香味後，再加入豬肝翻炒。豬肝炒熟即起鍋，拭去平底鍋的油。
❺鍋裡加入少許的油（分量外），快炒豆芽菜，再放入豬肝和（B）。最後加入韭菜快炒即可。

重點

豬肝要徹底醃入味，吃起來才下飯。要是炒得過熟，豬肝會乾澀，口感不佳，所以必須注意火候，炒至兩面略焦的程度即可。豆芽菜先摘過，看起來會更美觀。

◎奶油燉菜

「今天很冷，來做奶油燉菜吧……」
每到下雪的季節，就會興起這個念頭。
熱呼呼的蔬菜和濃濃牛奶香，
讓人想起寒冬中家族團聚的時光。
（料理出自第5集）

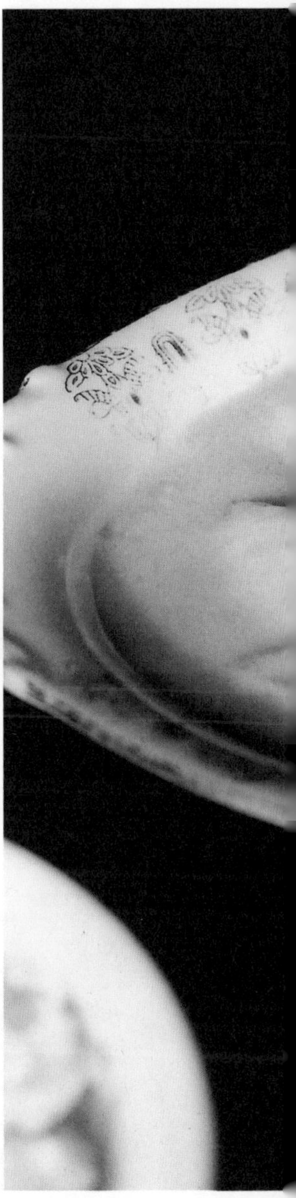

重點

洋蔥之外的其他材料，也可以換成白菜或高麗菜。把蔬菜切成小塊，做成奶油濃湯也很好吃。要是有剩的話，澆在白飯上，再加上起司，送進烤箱做成焗烤飯來吃吃看吧！

◎材料（4人份）

雞腿肉……2片（500克）
鹽……1/2小匙
胡椒……少許
洋蔥……1顆
紅蘿蔔……1根
馬鈴薯……2顆
青花菜……1/2朵
沙拉油……1大匙
雞高湯……500豪升
月桂葉……1片

白醬

奶油……40克
低筋麵粉……4大匙
牛奶……400毫升
鮮奶油……50～100毫升

※雞高湯可用500毫升的水加1大匙雞粉代替。

◎作法

❶雞腿肉切成一口大小，撒上1/2小匙的鹽和少許胡椒。洋蔥切成條狀，紅蘿蔔切塊，馬鈴薯切成一口大小。青花菜分成小朵，以鹽水汆燙。

❷以沙拉油熱鍋後，放入雞腿肉，等表面煎熟再加進洋蔥、紅蘿蔔和馬鈴薯翻炒。蔬菜全部過油後，加進雞高湯和月桂葉一起煮，沸騰後轉小火，繼續煮約10分鐘。

❸製作白醬。將奶油融化，撒上低筋麵粉翻炒。等醬汁開始冒泡後，加入溫牛奶。沸騰後轉小火繼續煮7～8分鐘，過程中須不斷攪拌，以免燒焦。

❹②的蔬菜煮軟之後，加入③和1/2小匙的鹽，稍微掀開鍋蓋，以小火繼續煮約20分鐘，使醬汁濃稠。

❺以剩餘的鹽和胡椒調味，再加入青花菜。

❻裝盤後澆上鮮奶油。

◎烤飯糰

祖孫三代都喜歡包著
山椒吻仔魚的烤飯糰。
其中一個一定要
做成茶泡飯。
表面焦脆的口感
和醬油的香味，
讓人饞涎欲滴
可以下酒，也是宵夜。
（料理出自第6集）

◎材料

（4個＝2人份）

白飯……4碗
山椒吻仔魚…3大匙
水……適量
沙拉油……少許
醬油……適量

◎作法

❶白飯輕輕地盛入碗中，將山椒吻仔魚放入中央的凹陷處。

❷雙手沾水，用力捏成飯糰的樣子。

❸烤網熱過後塗上沙拉油，飯糰放上去烤。在烤的過程中刷上醬油，烤到發出香味即可。

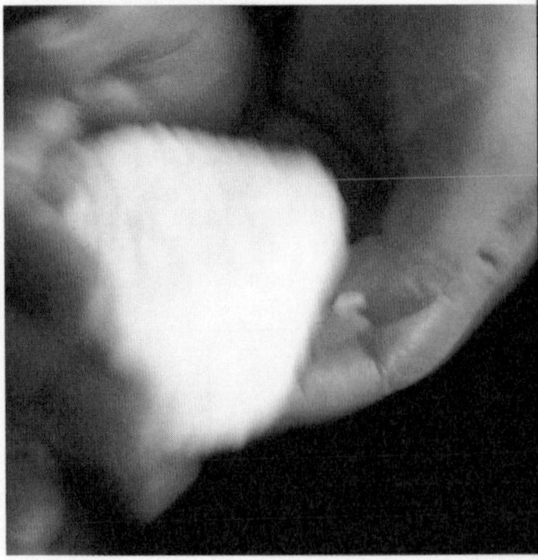

重點

在醬油慢慢烤乾時，飯糰很可能會裂開，務必捏實。烤網薄薄地塗上一層油，可以避免沾黏，也可以先用平底鍋把飯糰的水分煎乾後再烤。在戶外野餐烤飯糰時，可以先刷上醬油，用錫箔紙包起來烤。

◎洋蔥圈

炸得酥脆的洋蔥圈，
是洋蔥王子的原動力。
香脆順口，好吃到會上癮。
偶爾也加上炸花枝，
一半一半如何？
（料理出自第2集）

重點

裹麵衣時的調味是這道菜的好吃關鍵。以大蒜引出美味，不僅適合配飯，也可以當作下酒菜。

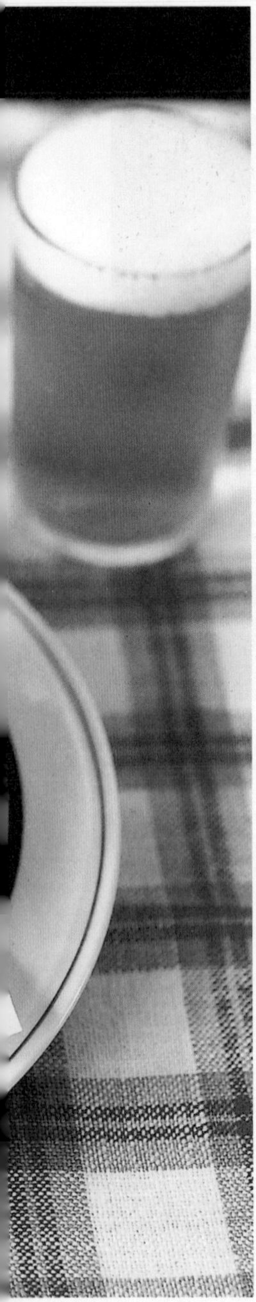

◎材料
（做起來不費力的分量）

洋蔥……1顆
低筋麵粉……100克
雞蛋……1顆
水……700毫升
蒜泥……1/2小匙
鹽……1撮
麵包粉……適量
油炸用油……適量
鹽……依個人喜好
胡椒……依個人喜好
番茄醬……依個人喜好
中濃調味醬…依個人喜好

◎作法

❶將洋蔥切成1.5公分的厚圈，每一圈確實分開。
❷低筋麵粉與雞蛋、水、蒜末和鹽混合拌勻。
❸洋蔥圈裹上②後再撒上麵包粉。
❹油炸用油加熱至170度，洋蔥圈入鍋炸至金黃色，撈起瀝油即可。可依照個人喜好添加胡椒、鹽、番茄醬或調味醬。

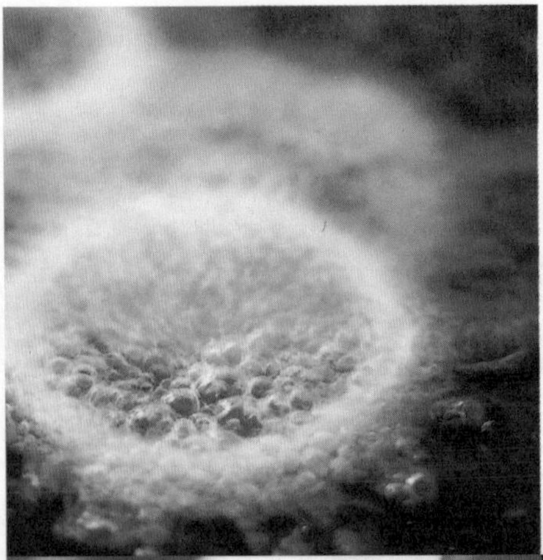

飯島奈美×安倍夜郎

Nami Iijima　Yaro Abe

熱愛美食和酒的兩人在居酒屋對談了！
原作的秘辛和內幕、記憶中的滋味，話題滔滔不絕……

Special Interview
特別對談

〈海苔炸竹輪〉的女主角
原來就是飯島小姐！

安倍　哎喲，終於出了食譜啦。

飯島　真的。這個案子很早以前就有了，不知不覺就花了這麼久的時間。這段期間原作漫畫也不斷推出新菜色，要從眾多料理中挑選，還真是傷腦筋。

安倍　我的願望也實現了，真是非常感謝。

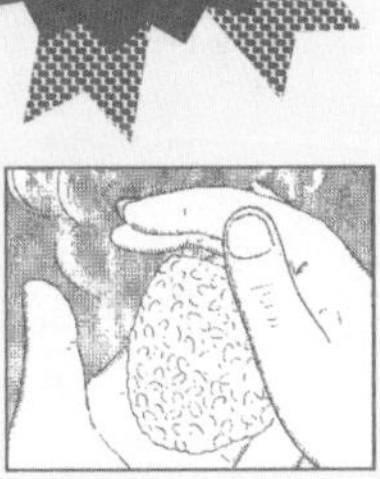

飯島 你是指烤飯糰嗎？

安倍 是的。與其說是飯島小姐捏的飯糰好吃，不如說是因為飯島小姐捏飯糰的手看起來很專業，所以食譜裡一定要有。

飯島 真是光榮（笑）。

安倍 還有既然是飯島小姐的食譜，那就一定要有海苔炸竹輪，因為那是飯島小姐的故事啊。

飯島 非常感謝。我高中時替男朋友做了將近兩年的便當，一開始為了討他的歡心，做了很多豪華的菜色，中途才發現蔬菜也是必要的……現在回想起來，那時的自己真是太認真了（笑）。

安倍 是妳男朋友建議妳從事料理相關的工作不是嗎？真是一樁佳話。但是我真正想畫的結局其實是他後來吃著老婆做的難吃的菜，只可惜頁數不夠。

飯島 那可不行，這樣我就一輩子沒臉見他啦！

安倍 哈哈哈！所以那樣結束就好了。

飯島 包括我的故事，你將聽到的故事畫成漫畫的標準是什麼呢？

安倍 我自己覺得合適就好而已，接著考量如何以畫面表現出來。順便一提，粉絲沙拉也是真實故事喔。那是我在黃金街常去的店裡聽到的，當事人真的因為時空膠囊和以前喜歡的人重逢，後來結婚了。

飯島 真是太棒了！現在大概還有多少這類題材沒畫出來呢？

安倍 哎喲，已經沒啦。正因為沒有所以很傷腦筋。

飯島 既然這樣……其實我還有個故事可以提供，你要聽

飯島奈美×安倍夜郎

Special Interview 特別對談

嗎？

安倍 哈哈哈，當然要！跟做菜完全無關就是了。

飯島 我高一的時候，有一群老是把頭探出窗外的高三學長，我喜歡其中一個，就拜託當時和高三生交往的同學鳩子：「問一下妳男朋友，那個學長叫什麼名字。」我打算在畢業典禮那天告白，也跟他約好在車站見面，結果來的卻是別人。

安倍 所以是鳩子撒了謊嗎？

飯島 不是，好像是她搞錯了，我喜歡的是那個人旁邊的另一個人。因為她搞錯的他長得比較帥（笑）。

安倍 原來如此。

飯島 來的那個人收下了我的花，看起來很溫柔。現在回想起來，那個人就很好啊！那時無法當場下定決心，真是太可惜了（笑）。

安倍 有點後悔吧？

飯島 所以在《深夜食堂》跟那個人重逢好了吧？應該不錯……

安倍 那我就來實現你的夢想吧！這真是公器私用，不是嗎（笑）？

飯島 說得也是啦……

安倍 現在的話確實可以馬上換對象，但以前的年代大家都是很專情的。

飯島 要是我當時知道變通就好了……

安倍 未來就會改變了是嗎？但是飯島小姐，那個人是不是在妳的記憶中多少被美化了呢？

飯島 就像以前吃的拿波里義大利麵一樣嗎？

安倍　沒錯沒錯。明明以前覺得媽媽做的拿波里義大利麵最好吃，長大吃後吃了才發現其實並不是如此。

飯島　啊，或許是這樣也說不定呢。但是美化的故事比較好畫成漫畫吧！不是嗎？

安倍　……

雖然現在一切都很方便，但用平價食材費心做出料理，這才是「家常菜」！

安倍　稍微聊聊工作方面吧（笑）。重現漫畫裡的菜餚，最困難的地方在哪裡？

飯島　安倍老師當過廣告導演，所以菜餚的畫面通常是特寫，很容易明白。但畢竟是黑白漫畫，有時候很難看出到底有哪些食材。跟安倍老師熟了之後，我就會直接問「那是什麼啊？」但一開始就只能一直盯著漫畫看。這次為了要不要在粉絲沙拉裡放蛋皮絲，還煩惱了很久呢！

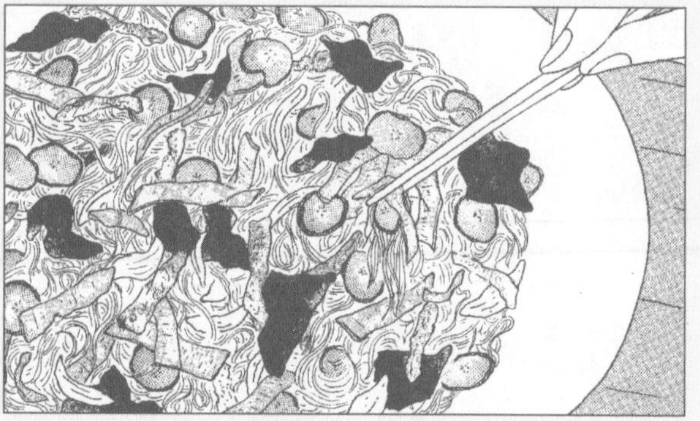

安倍　啊，那一定是要放的。因為男人做不了那麼細緻的東西，而且我喜歡雞蛋。

飯島　還有豆腐鍋，到底是純豆

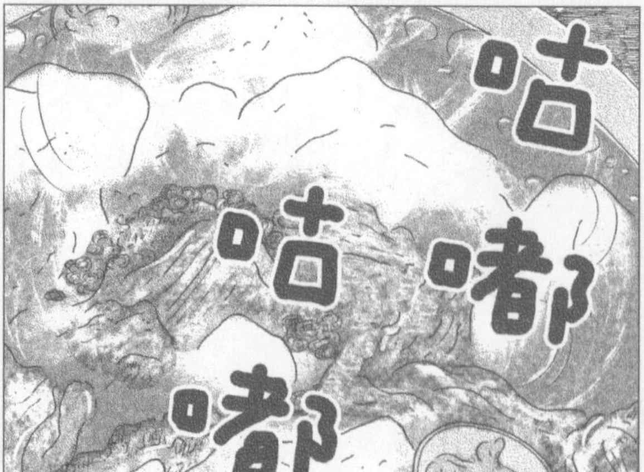

飯島奈美×安倍夜郎

Special Interview
特別對談

腐還是泡菜鍋呢？日本人以為韓國的火鍋一定會加泡菜，但我問過韓國朋友，基本上純豆腐鍋是不放泡菜的。

安倍　對不起，《深夜食堂》的原則是不深奧的料理，所以我都很隨便（笑）。所以這次的韓式火鍋就是老闆獨創的啦。

飯島　我也問過洋蔥圈是要裹麵包粉還是麵粉。

安倍　這點嚴格說來也跟漫畫不一樣，但既然飯島小姐說「照原作淋上醬汁的話，絕對是麵包粉比較好吃！」那就是麵包粉啦。

飯島　我先裹上加了雞蛋、蒜泥和鹽的麵糊，再裹麵包粉。

安倍　原來是裹麵衣的時候先調味，果然很費工。現在一切都很方便，短時間內就能做出好吃的東西，但用平價的材料花功夫做出美味的料理，這才是家常菜。

飯島　現在是連家庭主婦都外食的年代，很多餐桌上都沒有「媽媽的味道」了。但是小孩離家獨立生活之後，會突然想念起某個味道，這不是很令人高興嗎？沒有這種代代相傳的味道，實在有點寂寞呢。

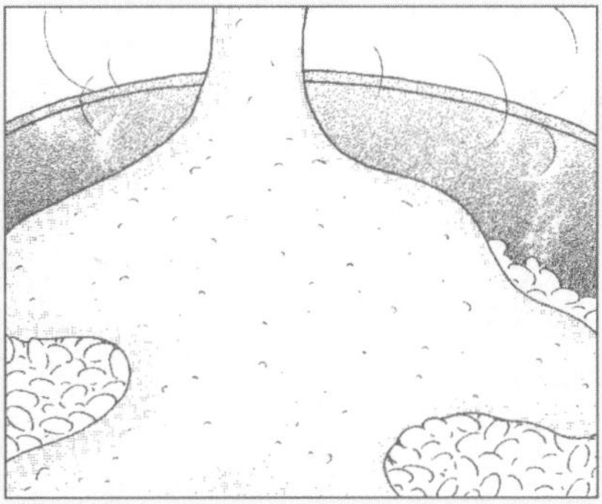

把生蛋打在冷飯上，最後的晚餐果然也是「一碗白飯」啊！

飯島　我想吃安倍老師的母親做

安倍　的菜。以前您說過山藥蓋飯用的是鯛魚高湯吧！磨山藥泥的時候加進萃取高湯的魚肉，然後再倒入咕嘟咕嘟地沸騰的高湯。

飯島　哇，聽起來就好好吃！加進魚肉會更好吃呢。

安倍　澆在白飯上真是好吃。

飯島　安倍老師下廚嗎？

安倍　當然啊，我喜歡冷飯。

飯島　冷飯是放在冰箱裡的……

安倍　不是，是室溫，放在室溫下的。煮好的飯就這樣放涼。我小時候飯鍋沒有現在的保溫功能，冰到冰箱裡就不好吃了。所以就直接放涼。現在我也照著以前的習慣，把早上做的蜆湯不加熱就澆在冷飯上。

飯島　我喜歡這樣吃。

安倍　冷飯？不硬嗎？

飯島　越嚼越有味道呢。冷的飯可以吃出米的原味，便當也是這樣啊。冷飯沾到醃菜的地方，很好吃吧？

安倍　也是……我想我能體會（笑）。那麼常有人說：「死之前最後的晚餐想吃什麼？」安倍老師要吃冷飯嗎？

飯島　當然。冷飯跟明星泡麵也不錯。星期六中午，我常加進冰箱裡的包心菜和豬肉一起煮。飯島小姐呢？

安倍　雖然想吃炸雞，但考慮到那時的體力，應該會吃生蛋拌飯吧。

飯島　嗯，果然還是白飯。畢竟

飯島奈美×安倍夜郎

Special Interview 特別對談

我是《深夜食堂》的作者，到人生的最後也要用「一碗白飯」作結吧。

家常菜裡包含了做菜者的心情。那也是美味的一種。

安倍 在店裡吃的料理都是專業人士做出來的，當然好吃。但是家常菜幾乎都是舌尖上記憶的味道，要比那更好吃可不容易啊。

飯島 像是媽媽的味道之類的，通常身邊都會有可以比較的對象。這從某個程度來說難度很高。我從以前就喜歡做菜，但沒有去餐廳學過，所以曾經有一段時期感到自卑，懷疑自己做得出大家覺得好吃的東西嗎？但是自從開始在某個雜誌連載之後，我就決定要成為每天都能吃到的美味家常菜的專家了。於是我開始從全新的觀點做菜。從這方面來說，《深夜食堂》的料理最適合我了！

安倍 妳這麼說我真是太高興了。家常菜的優點就是同一道菜的味道，會隨著做菜人的心情而有微妙的不同。

飯島 今天的味噌湯很鹹……啊，心情不好是嗎？像這樣吧（笑）。

安倍 沒錯沒錯。所以不要男人做，女人做比較好不是嗎？算是一種情緒的表現。我從小就對這種事很敏感，還會說「我覺得媽媽今天跟平常不一樣呢」。

飯島 咦，那種時候最好不要說話啦（笑）。

安倍 就是啊。我媽媽說：「真是，這麼囉唆的孩子娶不到老婆喔！」果然就沒娶到啊（笑）。

飯島 安倍老師，這一點都不好笑啦……

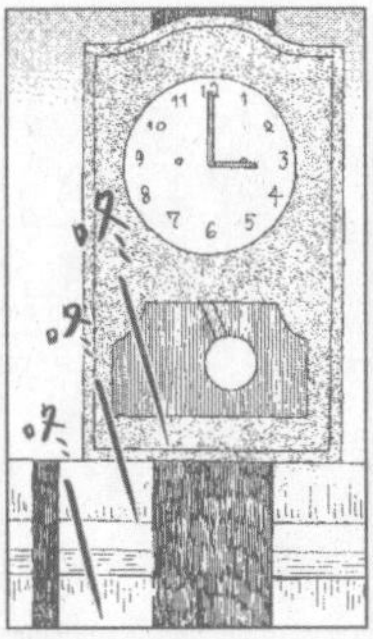

第3夜 ◎ 海苔炸竹輪

最近常來的八郎先生，今天拚命嘆氣……
怎麼啦？
豬肉味噌湯定食 六百圓
啤酒（大） 六百圓
日本酒（兩合） 五百圓
參加婚禮的時候，看見新娘是個美人，心裡就覺得「輸了」。
我明白！新娘如果長得醜，就安心地覺得「贏了」吧？
就是啊！

什麼贏了輸了，你們倆都沒老婆吧？
是沒錯。哎，反正就是這樣啦！
教養好、個性好、頭腦好、又能幹，然後還是個大美人……
有這種女人!?新郎呢？
我大學學弟，也是個大好人。
大好人!?讚耶！
心胸開闊，有男子氣概，有責任感，還又高又帥……
什麼嘛，小八你一開始就輸了不是嗎？
是啦，真不公平……

人家想看那個帥哥，下次帶他一起來嘛！
咦？
八郎先生帶那個大好人來，是半個月後的事。
めし
想吃什麼？菜單只有這些，但只要點菜，老闆都可以幫你做。
豬肉味噌湯定食 六百圓
啤酒（大） 六百圓
日本酒（兩合） 五百圓
燒酒（一杯） 四百圓
每位客人限點三杯酒
喔……
沒有菜單反而不知道要點什麼了。該點什麼好呢？
……
小壽壽桑怎麼啦？
好帥喔～

對了，我要海苔炸竹輪。
好。
你在高輪買房子呀？
是啊！
下次請我去吧！
好是好……但我老婆不會做菜呢……
咦，真的假的!?
她很努力，但做什麼都不好吃。
這樣啊……
八郎先生第一次露出「贏了」的表情……
來，久等了，海苔炸竹輪。

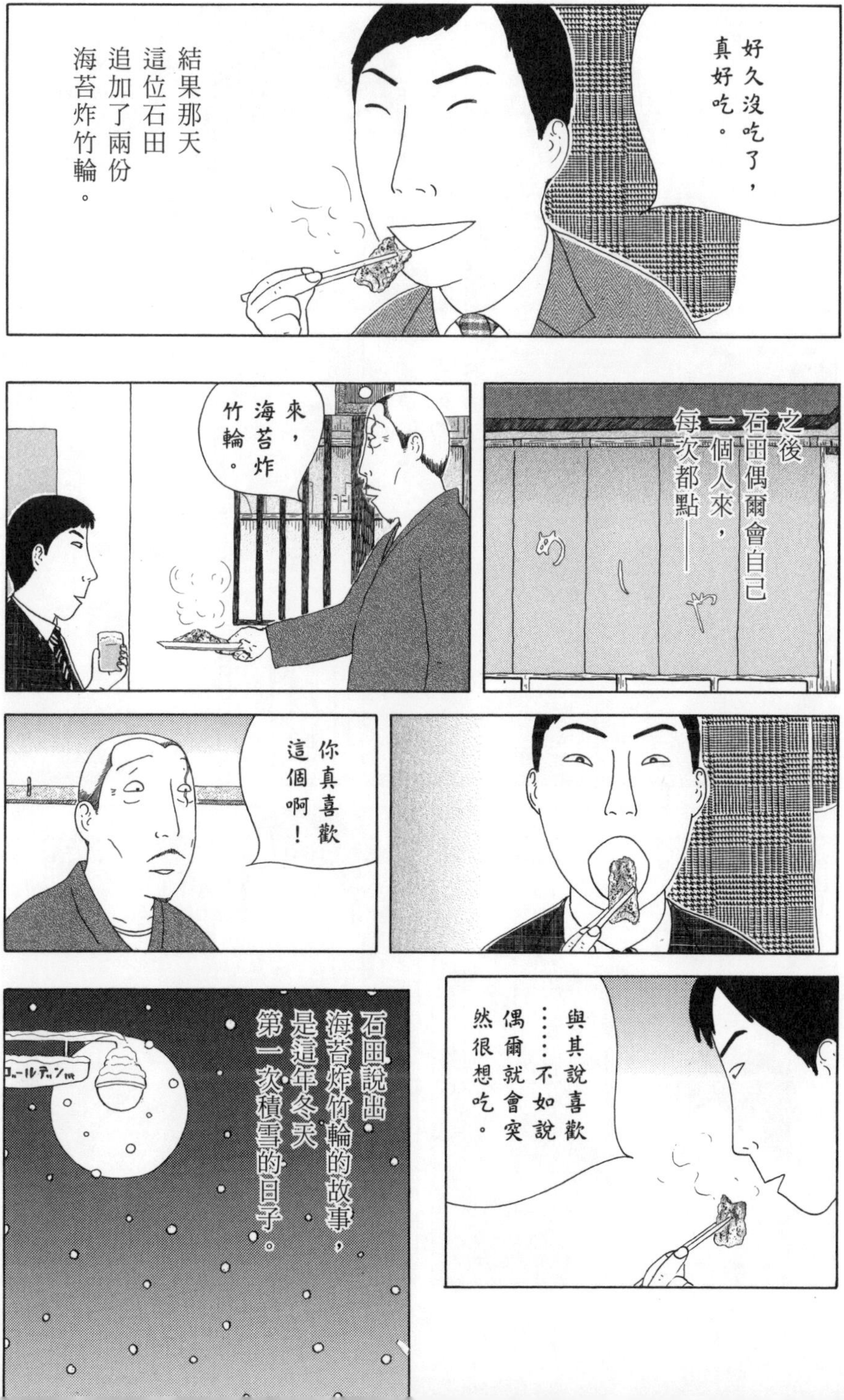
好久沒吃了，真好吃。
結果那天這位石田追加了兩份海苔炸竹輪。
之後石田偶爾會自己一個人來，每次都點——
來，海苔炸竹輪。
你真喜歡這個啊！
與其說喜歡……不如說偶爾就會突然很想吃。
石田說出海苔炸竹輪的故事，是這年冬天第一次積雪的日子。

我一直到高一都住在北海道，高二的時候才搬來東京。
喔？
來東京大約一個月之後的事——
那個……
能請你吃我做的便當嗎？
咦？
……我在北海道有女朋友……
沒關係，只是吃我做的便當而已。
後來我的櫃子裡每天都有超豪華的便當。

哇賽！
好像很好吃。
可是每天吃也會膩啊……而且老實說，我覺得負擔很大。有一天我把她的便當給朋友吃，自己另外去買海苔便當。
第二天——
我的便當不好吃嗎？
不、不是……
只是昨天想吃海苔便當。我、我喜歡海苔炸竹輪……
……海苔炸竹輪!?

後來便當裡就都有這個了。有塞起司的、梅肉的，她真的費盡心思花功夫在做……
是個好孩子啊，然後呢？
我沒有和她交往，但她卻替我做便當做了整整兩年。
真有精神……
謝謝你兩年來都吃我做的便當。
承蒙招待了。
……謝謝……

真是個好女孩……她現在怎麼樣了？
不知道呢……那之後就沒見過了。
過了新年——
すないく 青春
Tom
BAR 一條
SNACK
老闆，我介紹一下，這位是年輕的實力派法國主廚美奈夫人，那位是她先生米歇爾。他們在里昂開餐廳。
BON SOIR[4]
你們好。又帶這樣的客人到我們這小地方來啊！
美奈夫人說想吃海苔炸竹輪，我只想到這裡有。
從法國回來竟然想吃海苔炸竹輪？
……那是我成為廚師的契機。

4. 法文「晚安」的意思。

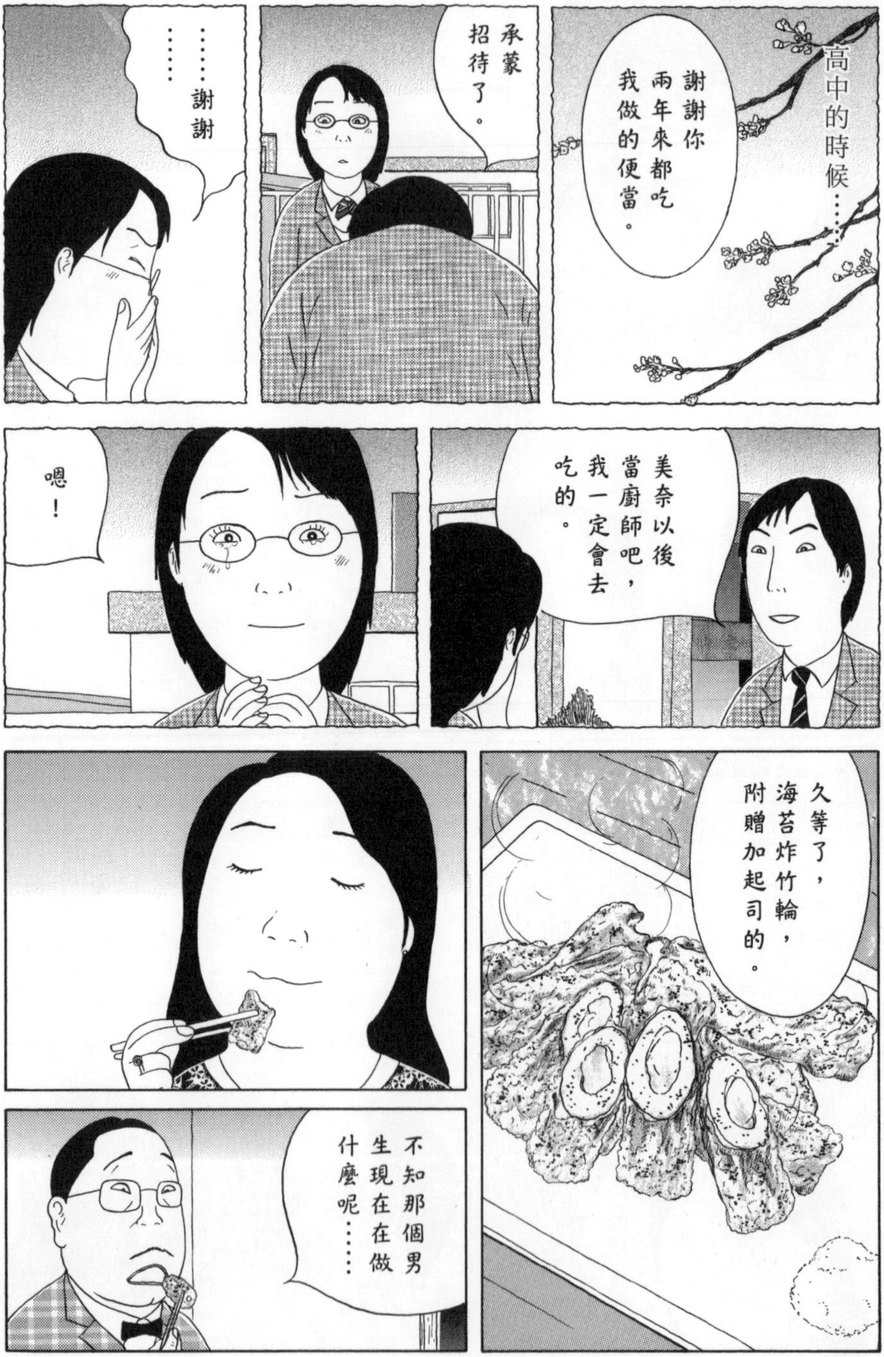
高中的時候……
謝謝你兩年來都吃我做的便當。
承蒙招待了。
……謝謝
美奈以後當廚師吧，我一定會去吃的。
嗯！
久等了，海苔炸竹輪，附贈加起司的。
不知那個男生現在在做什麼呢……
（出自第6集）

◎海苔炸竹輪

每天都替單戀
的對象做便當，
當中一定會
放海苔炸竹輪。
起司、明太子……
裡面包了什麼，
非常令人期待。
（料理出自第6集）

◎材料（3種各2條）

竹輪……6條
明太子……1/2條
起司……40克
天婦羅粉……100克
水……150～160毫升
青海苔……2小匙
油炸用油……適量

米粉……50克
水……60毫升
青海苔……2小匙

※以米粉取代天婦羅粉，吃得到爽脆的口感

◎作法

❶起司切成大塊，明太子剝開卵膜後擠出魚卵。
❷起司和明太子分別塞進竹輪裡，斜切成兩半，（另兩條竹輪則不加料）。
❸混合天婦羅粉（或米粉）、水和青海苔。
❹油炸用油加熱到170度，竹輪裹上麵衣後，下鍋油炸。

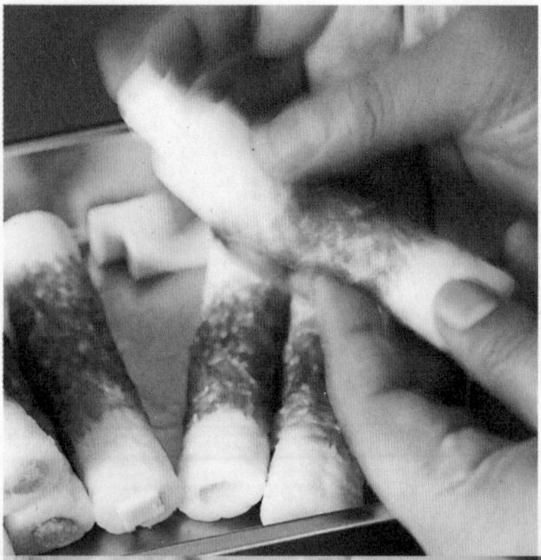

重點

用天婦羅粉炸會比用麵粉更為酥脆。炸得好吃的秘訣，在於不要在油鍋裡一次下太多竹輪，一次下太多會使得油溫下降，建議分三次炸。俐落乾脆地將竹輪滑入油鍋，麵衣就會膨脹起來，炸得漂亮看起來就好吃。

◎馬鈴薯沙拉

馬鈴薯沙拉冷的比熱的好吃。
這是老闆早期的一道拿手菜。
每戶人家都有自己的材料和調味，
那就是母親的味道。

（料理出自第1集）

重點
沙拉裡保留馬鈴薯塊，小黃瓜稍微切厚一點，增加口感。洋蔥趁馬鈴薯還熱著的時候加入，可以減少辛辣味。為了增加濃郁滋味，用奶油來提味也是關鍵所在。

◎材料（4～5人份）

馬鈴薯……3顆（中型）
洋蔥……1/4顆
小黃瓜……1條
紅蘿蔔……1/2條
火腿……3片
奶油……10克
醋……1/2大匙
鹽……少許
胡椒……少許
美奶滋……3～4大匙

◎作法

❶ 馬鈴薯去皮，切成3～4等分，紅蘿蔔切片後燙熟。
❷ 洋蔥對半切成薄片，小黃瓜切成約3公厘的圓片，用鹽（分量外）抓一下。
❸ 火腿對半切成5公厘薄片。
❹ 馬鈴薯煮軟後撈起，回鍋加熱蒸發水分，再趁熱壓碎。加入瀝乾水分的洋蔥、奶油和醋。
❺ 稍微冷卻後，加入瀝乾水分的小黃瓜、紅蘿蔔、火腿和美奶滋攪拌。最後用鹽和胡椒調味。

◎豬排蓋飯

比賽結束後拳擊手的勝利滋味。多汁的豬肉搭配香脆的麵衣，再覆上軟綿綿的半熟雞蛋，就是兼具溫柔與強悍的蓋飯之王！

（料理出自第1集）

重點

炸好的豬排下鍋時，將麵衣澎起的那面朝上，再倒下蛋汁，就能將雞蛋留在麵衣上。

◎材料（2人份）

豬里肌肉……2片（1.5公分厚）
鹽……少許
胡椒……少許
洋蔥……1/4個
雞蛋……3個

麵衣
低筋麵粉……適量
蛋汁……1個份
生麵包粉……適量
油炸用油……適量

（A）
高湯……100毫升
醬油……2～2又1/2大匙
味醂……2～2又1/2大匙
砂糖……1大匙

白飯……2大碗公
烤海苔……適量

◎作法

❶豬里肌肉順著紋理劃上約10刀，撒鹽和胡椒。依序沾上低筋麵粉、蛋汁和生麵包粉。
❷洋蔥切成約7公厘的薄片，加進（A）裡。
❸油炸用油加熱至170度～175度，①放入鍋中油炸2分半～3分鐘。撈起瀝油後，切成適合入口的大小。
❹（A）下鍋加熱，加入洋蔥。醬汁沸騰後加入炸豬排。
❺將蛋汁淋在豬排上，蓋上鍋蓋以中火煮40秒後關火。
❻白飯盛入碗公，放入⑤後淋上醬汁。撒上烤海苔碎片。
※使用親子鍋（蓋飯專用鍋）時，一次只做一人份。

◎馬鈴薯燉肉

熱騰騰的馬鈴薯吸飽了肉的鮮味，
正是男性希望女性親手做的料理。
那令人懷念的口味，讓人想起家鄉的媽媽。
抓住男人的胃，就等於抓住了他的心（？）。

（料理出自第2集）

重點

這道馬鈴薯燉肉材料單純，只有牛肉、馬鈴薯和洋蔥，是老闆兩三下就能做出來的簡單食譜，就算是沒有下過廚的男性也做得出來。這個食譜的甜味控制得宜，適合下酒，如果喜歡偏甜的馬鈴薯燉肉，可以多加砂糖。

◎材料（4人份）

牛肉片……200克（※偏肥的肉尤佳）
馬鈴薯……4顆
洋蔥……1顆
砂糖……1/2大匙
味醂……2又1/2大匙
醬油……2又1/2大匙
高湯……350毫升
沙拉油……1大匙

◎作法

❶馬鈴薯切成3～4等分，洋蔥切成12等分的瓣狀。
❷以沙拉油熱鍋後，炒馬鈴薯和洋蔥。食材炒勻後再加入高湯、砂糖、味醂和醬油。
❸沸騰後加入牛肉，蓋上鍋蓋，以稍強的中火煮約10分鐘。掀開鍋蓋再煮5分鐘，直到湯汁收乾。

◎雞鬆蓋飯

常客中有一對老夫妻，
總是甜蜜地分食雞鬆蓋飯。
蛋鬆調和了雞鬆的鹹甜味，
兩種滋味簡直就像夫妻般，
相輔相成，缺一不可。

（料理出自第7集）

◎材料（做起來不費力的分量）

雞鬆

雞絞肉……200克
醬油……1大匙
酒……2大匙
水……2大匙
砂糖……2小匙
味噌……1小匙
薑泥……少許

蛋鬆

雞蛋……3顆
砂糖……1大匙
鹽……1/4小匙
沙拉油……少許

白飯……適量
紅薑……適量

◎作法

❶ 雞鬆的材料全部下鍋，開至中火，不停以料理筷攪拌。
❷ 水分稍微收乾後，蓋上鍋蓋並關火。等待醬汁收濃。
❸ 在大碗中打蛋，加入砂糖和鹽。
❹ 鍋中倒入沙拉油，以小火熱鍋後倒進③，以料理筷攪拌，等蛋汁凝結為蛋鬆狀即關火。
❺ 在飯上加入雞鬆和蛋鬆，以紅薑裝飾。

重點

雞絞肉不要炒太乾，蒸發掉水氣卻又保留濕潤的口感是秘訣。這麼一來，肉就不會乾硬，鬆軟容易入口。加少許味噌提味也是關鍵所在。

◎茶泡飯

夢想著結婚的茶泡飯姊妹
每次必點的料理都是：
梅子、鮭魚和鱈魚子茶泡飯。
但悲慘的是，女人的人生就像茶泡飯，
很難不拖泥帶水，粒粒分明……

（料理出自第2集）

重點

用與昆布甜味成分相近的綠茶混合柴魚高湯，綠茶恰到好處的苦味吃起來清爽不油膩，每次在片場都讓茶泡飯三姊妹直呼：「這個果然好吃！」因為最後會淋上熱高湯，烤鱈魚子不妨半熟就好。

◎材料（2人份）

茶泡飯的高湯

水……550毫升
柴魚片……5克
綠茶茶葉……1/2大匙
鹽……1小匙

白飯……適量
烤鮭魚……適量
烤鱈魚子……適量
梅乾……適量
鴨兒芹……適量
米果粒……適量
山葵……適量
海苔絲……適量

◎作法

❶燒一鍋滾水，放進柴魚片。再度沸騰時加入茶葉，隨即關火。

❷約1分鐘後，過濾高湯並加鹽調味。鴨兒芹切成約1．5公分長。

❸盛飯，加上喜歡的材料，再淋上高湯。以海苔絲、山葵和鴨兒芹等裝飾即可。要是鹹味不夠，可自行調整。

青菜炒肉絲

無論何時都能填飽肚子的
套餐之王，
在店裡吃更是別具風味。
青菜跟肉絲絕妙的平衡，
非常下飯。
（料理出自第9集）

◎材料（3～4人份）

豬五花肉……120克
高麗菜……3片（約200克）
紅蘿蔔……1/2根
乾木耳……5克
韭菜……1/2把
豆芽菜……1/3袋
大蒜……1瓣
醬油……1/2大匙
味醂……1小匙
鹽……1/2～1/3小匙
胡椒……少許
沙拉油……1大匙

◎作法

❶豬五花肉切成3公分長，撒上2撮鹽（分量外）。高麗菜切成一口大小，紅蘿蔔切成厚長方片狀。

❷乾木耳泡發後除去堅硬的部分，切成適合入口的大塊。韭菜切成4公分長，豆芽菜洗過後瀝乾水分。大蒜去芽、切片。

❸平底鍋加熱後爆香大蒜，再加入豬五花肉。炒至半熟後，依序加入紅蘿蔔、木耳、高麗菜、豆芽菜和韭菜快炒。所有食材均勻吃進油後，再加鹽和胡椒炒勻。

❹最後以醬油和味醂調味。要是鹹味不夠，可加鹽調整。

重點

用炒豬肉的油炒透青菜但不要炒到出水，使調味料確實入味，同時保留蔬菜本身的鮮嫩。從頭到尾都要以大火快炒。

◎俄式酸奶牛肉

第一次有客人點這道俄羅斯料理時，
老闆可是苦惱了好久。
恰到好處的酸味非常適合搭配紅酒，
是稍微特別的西餐。
（料理出自第3集）

重點

這是依照在俄式酸奶牛肉的發源地——聖彼得堡當地店裡吃到的味道做的。加入酸奶就能引出道地的風味，酸味會讓牛肉更容易入口。

◎材料（4人份）

牛腿肉……400克（切片）
低筋麵粉……3大匙
洋蔥……1顆
蘑菇……5～6個
大蒜……1瓣
番茄汁……190～200毫升
水……200毫升
紅酒……100毫升
中濃調味醬…4大匙
月桂葉……1片
鹽……1/2小匙
胡椒……少許
奶油……20克
沙拉油……1大匙
酸奶……3大匙
巴西利……依個人喜好

◎作法

❶牛腿肉切成適合入口的大小，裹上低筋麵粉。洋蔥切成8公厘的長條，蘑菇切成3～4等分，大蒜切片、去芽。

❷平底鍋加熱後加入奶油、沙拉油和大蒜。等大蒜發出香味後，再加入牛肉、洋蔥和蘑菇拌炒。

❸肉炒熟後，加入番茄汁、水、紅酒、中濃調味醬、鹽、胡椒和月桂葉，以中火繼續煮15分鐘。最後加上2大匙酸奶。

❹酸奶澆在白飯上（分量外），其餘再分裝入各盤中。可以依照個人喜好撒上巴西利。

◎炒烏龍麵

蕎麥麵店的兒子
私底下的嗜好，
就是到深夜食堂
吃他最喜歡的炒烏龍麵。
香噴噴的醬油和醬汁
與烏龍麵完美結合，
讓人無法放下筷子。

（料理出自第9集）

◎材料（2人份）

熟烏龍麵……2團
豬五花肉片…80克
鹽………適量
高麗菜……2片（約100克）
韭菜………1/3把
胡椒………少許
沙拉油………適量

（A）
醬油………1大匙
中濃調味醬…1大匙
味醂………少許

※中濃調味醬可用其他牌子的調味醬取代。

◎作法

❶豬五花肉切成3公分寬，撒上2撮鹽。高麗菜切成長方片狀，韭菜切成4公分的長段。

❷平底鍋加熱後炒豬五花肉，再加入熟烏龍麵，炒至上色。

❸加高麗菜一起炒，接著放入韭菜與（A）混合。最後以鹽和胡椒調味。

重點

按照順序炒豬肉、烏龍麵和蔬菜是關鍵所在。如果烏龍麵在蔬菜的後面才放，蔬菜出水後就無法好好炒上色了。烏龍麵炒到微焦口感會更好，和其他食材也更搭配。另外豬肉會出油，注意不要放太多沙拉油。

◎高麗菜捲

將麻里鈴和媽媽聯繫在一起的
充滿回憶的一道菜。
浸在金黃色湯汁裡的大高麗菜捲，
正因為很費功夫，
更能感受到親情的深厚。

（料理出自第10集）

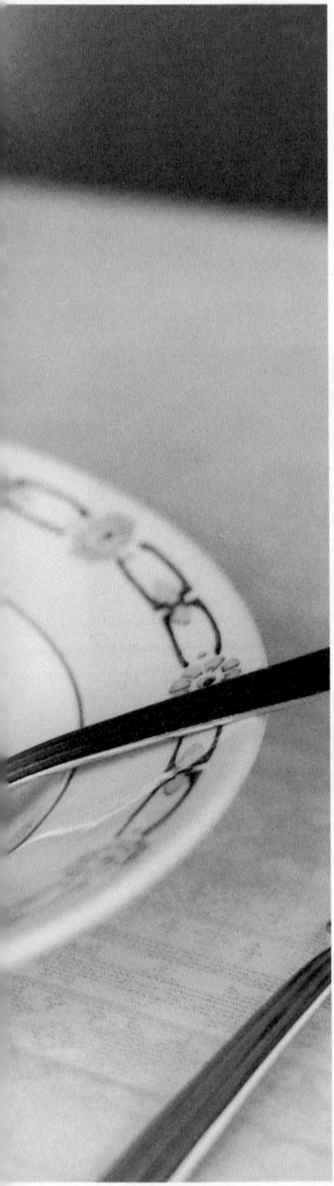

重點

內餡加入麵包粉，揉捏均勻。將一半的豬肉切成小塊狀，增加口感會更好吃。大片菜葉和小片菜葉重疊，就能確保裡頭的肉餡不透出來，呈現高麗菜原本清透的色澤。

◎材料（8個）

高麗菜……1顆

（A）
豬絞肉……300克
洋蔥……1/2顆
雞蛋……1顆
生麵包粉……15克
牛奶……1大匙
鹽……1小匙
胡椒……少許

沙拉油……適量
雞高湯……800～1000毫升
鹽……1小匙
月桂葉……1片

※雞高湯可用1000毫升的水加2大匙的雞粉代替。

◎作法

❶水放進大鍋中煮沸。高麗菜去芯後整顆放入鍋裡。以小火加熱的同時，一面將菜葉一片片剝下，放進冷水裡。高麗菜須煮到菜梗都變得柔軟為止。

❷洋蔥切碎，以沙拉油翻炒後放涼。麵包粉浸牛奶。

❸將（A）和②放入碗中揉捏均勻。

❹高麗菜拭去水分，用刀削去菜梗的芯。將③分成8等分分別包起，以牙籤固定。

❺高麗菜捲放入鍋中，倒入雞高湯、鹽和月桂葉加熱。沸騰後轉為小火，以烘焙紙紙覆蓋，繼續煮30分鐘。要是不夠鹹，可加鹽（分量外）調整。

❻取下牙籤後裝盤。

隱藏版小菜集錦

常客阿忠伯等人常吃的小菜，
雖然在電視劇和電影中都不是主角，
但其實每道小菜都經過精心的調理。
想喝一杯的時候，
或是想來碟小菜下酒，
都少不了它們。
老闆總會預先做好的調味料
「柴魚醬油」也首次公開！

◎柴魚醬油

做小菜不可或缺的柴魚醬油，是老闆的獨門祕方！

◎材料

柴魚片…3～5克
昆布……1片
（約2×2公分）
醬油……150毫升

◎作法

將柴魚片和昆布放入醬油中浸漬隔夜。建議選用厚切柴魚片，但薄片也無妨。

◎烤醃青椒

只烤單面，就能享受清脆的口感。

◎材料（2人份）

青椒……4顆
（A）
柴魚醬油　1大匙
水……2大匙
味醂……1大匙
沙拉油…少許

◎作法

❶青椒切成4等分，去籽。加入（A）。
❷平底鍋加熱後倒入沙拉油，只煎青椒外皮的那一面，然後放進（A）裡醃漬。

◎煮南瓜

煮好後隔一會兒再吃會更入味。

◎材料（約4人份）

南瓜……1/4個（500克）
水……300毫升
砂糖……1大匙
味醂……1大匙
柴魚醬油　1大匙

◎作法

❶南瓜切成適合入口的大小。
❷鍋中加入水、砂糖、味醂、柴魚醬油和南瓜，開火加熱。沸騰後轉稍弱的中火，蓋上鍋蓋煮約15～20分鐘。

◎煎山藥

金黃色澤配上醬油的香味，保證好吃。

◎材料（2～4人份）

山藥……15公分（約200克）

橄欖油…1/2大匙

鹽……適量

醬油（或柴魚醬油）……1小匙

◎作法

❶ 山藥削皮，切成1公分的厚片。

❷ 平底鍋加熱後倒入橄欖油，撒2撮鹽，煎山藥。表面稍微上色後淋上醬油。

◎梅肉番茄章魚

◎材料（約4～5人份）

番茄……1顆

水煮章魚（可直接食用）……100克

梅肉……1/2大匙

砂糖……1撮

蘘荷……1根

橄欖油…適量

◎作法

❶ 番茄和水煮章魚切成容易入口的大小。蘘荷切絲。

❷ 梅肉和砂糖放入碗中混合，加上番茄，接著再加章魚。

❸ 裝盤後撒上蘘荷，再滴一點橄欖油。

兩種酸味相輔相成，美味得難以想像。

◎洋蔥絲油漬沙丁魚

洋蔥和一味粉的香辣，非常對味。

◎材料（1罐）

油漬沙丁魚……1罐

洋蔥……1/8個

醬油……適量

一味粉…依個人喜好

◎作法

❶ 洋蔥切絲。

❷ 油漬沙丁魚開罐後不把油倒出來，直接架在烤網上烤。放入洋蔥再烤3分鐘，沸騰前轉為小火，淋上醬油。可以依照個人喜好加一味粉。

◎紅蘿蔔炒魩仔魚

紅蘿蔔溫和的甜味當清口菜正好。

◎材料（做起來不費力的分量）

- 紅蘿蔔…1根
- 魩仔魚…2大匙（約10克）
- 味醂……1小匙
- 鹽……2撮
- 沙拉油…1小匙

◎作法

❶紅蘿蔔切絲。

❷平底鍋加熱後倒入沙拉油，炒紅蘿蔔絲和魩仔魚。

❸紅蘿蔔炒熟後，以鹽和味醂調味。

◎醋漬海帶芽小黃瓜

◎材料（2人份）

- 小黃瓜…1條
- 鹽……1/3小匙
- 海帶芽…30克
- 魩仔魚…2大匙

（A）

- 醋……3大匙
- 薄鹽醬油　1大匙
- 砂糖……1大匙
- 薑絲……少許

◎作法

❶小黃瓜切薄片後用鹽抓過。將（A）拌勻。

❷將瀝乾水分的小黃瓜和海帶芽加進（A）中拌勻。

※不喜歡酸味的話，可以另加3大匙柴魚高湯。

經典醋漬菜。酸味恰到好處，吃起來清爽無比。

◎柴魚白蘿蔔和山葵味噌

味噌隱含著辛香！這是新型態的沙拉。

◎材料（2人份）

- 白蘿蔔…適量
- 味噌……1大匙
- 山葵……1/2小匙
- 柴魚片…適量

◎作法

❶白蘿蔔切薄片，與味噌、山葵拌勻。

❷蘿蔔裝盤後撒上柴魚片。蘸著山葵味噌吃。

※也可用梅肉取代山葵味噌。

◎黃芥末酸橘醋醃茄子

讓人大吃一驚的小菜！
黃芥末的辛辣和尾韻的甘甜。

◎材料（2人份）

茄子……2條

（A）

酸橘醋…3大匙

水……5大匙

黃芥末…2小匙

◎作法

❶將（A）放入密封袋內。

❷茄子切薄片，用（A）醃漬5分鐘，輕輕擠掉水分。

◎酸橘醋茄子炒豬五花

◎材料（2人份）

茄子……2條

豬五花肉片……80克

薑……1/2片

酸橘醋…1～2大匙

沙拉油…少許

◎作法

❶茄子斜切成7公厘厚的薄片。豬五花肉切成4公分寬。

❷平底鍋加熱後倒入沙拉油，煎茄子。茄子稍微上色之後，加入豬五花肉和薑片一起炒，炒熟後再淋上酸橘醋。

油亮亮的茄子刺激食慾，
深夜裡讓人開心的清爽滋味。

◎肉片燒

◎材料（2人份）

豬五花肉片……2片

鹽……少許

胡椒……少許

高麗菜絲 40克

雞蛋……2顆

中濃調味醬……適量

美奶滋…適量

柴魚片…少許

◎作法

❶豬五花肉切成適合入口的大小，撒上鹽和胡椒。

❷高麗菜絲快炒後倒出，用同個鍋子炒豬五花肉。把雞蛋打進去，戳破蛋黃，再倒入高麗菜裹住菜與肉。

❸裝盤，淋上中濃調味醬、美奶滋並撒柴魚片。

不用介意外觀。
發揮男子氣概，
大膽加料吧。

◎芝麻菠菜

◎材料（做起來不費力的分量）

菠菜……1把

（A）

白芝麻…3大匙

柴魚醬油 2小匙

味醂……2小匙

麻油……適量

◎作法

❶滾水加入鹽（分量外）汆燙菠菜。瀝乾水分後切成4公分長段。混合（A）的材料。

❷菠菜加入（A）拌勻。

芝麻的香味
緩緩飄散，
這是小菜之王。

◎洋蔥絲奴豆腐

◎材料（1人份）

絹豆腐…1/4塊

洋蔥……1/8顆

麻油……適量

柴魚片…適量

醬油……適量

◎作法

❶洋蔥切絲浸水。

❷豆腐裝盤，鋪上篩去水分的洋蔥絲和柴魚片，淋麻油和醬油。

滑嫩的豆腐和
清脆的洋蔥，
完全相反的口感
一次品嚐。

◎金平牛蒡

牛蒡不削皮，
就有驚人的口感。

◎材料（做起來不費力的分量）

牛蒡……1根（200克）

紅蘿蔔…1/2根

柴魚醬油 1大匙

酒……1大匙

砂糖……1/2大匙

麻油……1/2大匙

白芝麻…適量

辣椒……適量

◎作法

❶牛蒡斜切成薄片再切絲，紅蘿蔔切絲。

❷平底鍋加熱後倒入麻油，炒牛蒡、紅蘿蔔和辣椒。所有食材均勻受熱後，加入柴魚醬油、酒和砂糖繼續拌炒。

❸裝盤後撒上白芝麻。

作者介紹

安倍夜郎
ABE Yaro

1963年2月2日生於高知縣中村（今四萬十市）。就讀早稻田大學時加入漫畫研究社，畢業後進入廣告製作公司任職。2003年以投稿作品《山本掏耳店》獲小學館新人漫畫大獎，隔年以同作品出道。2006年起《深夜食堂》開始在 Big Comic Original 增刊號上不定期連載，隔年起在本刊上連載的《深夜食堂》於2009年改編成電視劇（2011年推出第二季、2014年推出第三季、2015年再翻拍電影、2016年同時推出第四季《深夜食堂 -Tokyo Stories-》在 Netflix 播映，與電影續集《深夜食堂 電影版2》）。2010年獲得第55屆小學館漫畫賞最佳大眾類型作品、第39屆日本漫畫家協會大賞。

飯島奈美
IIJIMA Nami

料理設計師。出生於東京都八王子市，主要工作是統籌並設計廣告中的料理。自《海鷗食堂》嶄露頭角，陸續參與《南極料理人》、《我的意外爸爸》、《深夜食堂》系列，以及 NHK 連續劇《多謝款待》等電影和電視劇的料理設計工作。著有《LIFE 家庭味：一般日子也值得慶祝！的料理》、《飯島風》等書。

電影版
深夜食堂2
有些滋味，長大後才明白……
小時候不肯吃的那道菜，在深夜食堂卻漸漸吃出滋味。
好評發售中！
深夜食堂
電影版2
2016/12/30
上映
深夜食堂 17
安倍夜郎
丁世佳 譯
安倍夜郎 作品
定價200元
漫畫×電影×日劇 熱鬧輪番上陣，
最開胃的人情物語，常客們請快入座。
©ABE Yaro / Shogakukan Inc.
©2016安倍夜郎・小学館／「続・深夜食堂」製作委員会
新經典文化
ThinKingDom

深夜食堂 YY0354

深夜食堂料理帖

深夜食堂の料理帖

飯島奈美（7days kitchen）◎著
安倍夜郎◎漫畫
丁世佳◎譯

封面構成　兒日設計
內頁排版　呂昀禾
副總編輯　梁心愉
責任編輯　陳柏昌
編輯協力　王琦柔
初版一刷　二〇一六年十二月十九日
定價　新臺幣二七〇元

ThinKingDom 新經典文化
發行人　葉美瑤
出版　新經典圖文傳播有限公司
地址　10045 臺北市中正區重慶南路一段57號11樓之4
電話　886-2-2331-1830
傳真　886-2-2331-1831
讀者服務信箱　thinkingdomtw@gmail.com
FB粉絲團　新經典圖文 ThinKingDon
總經銷　高寶書版集團
地址　臺北市內湖區洲子街八八號三樓
電話　02-2799-2788
傳真　02-2799-0909
海外總經銷　時報文化出版企業股份有限公司
地址　桃園縣龜山鄉萬壽路二段三五一號
電話　02-2306-6842
傳真　02-2304-9301

日版編輯團隊
料理照片攝影　在本彌生（p4, p10, p11, p13, p144, p145 除外）
料理助手　板井 Umi、岡本柚紀（7days kitchen）
排版　板井仁美
裝幀設計　黑木香
版型設計　佐藤千惠、西野紗彩、關戸愛、本間美里＋Bay Bridge Studio

深夜食堂料理帖 / 飯島奈美著 ; 丁世佳譯 . -- 初版 .
-- 臺北市 : 新經典圖文傳播 , 2016.12
144 面 ;　14.8×21 公分 .
-- (深夜食堂系列 ; YY0354)
ISBN 978-986-5824-71-6(平裝)
1. 食譜

427.1　　105023117

深夜食堂の料理帖
by IIJIMA Nami, ABE Yaro

Original Japanese edition published in 2015 by Shogakukan Inc.
Traditional Chinese translation rights arranged with Shogakukan Inc.
through Japan Foreign-Rights Centre / Bardon-Chinese Media Agency.